도해 図解

Book No.23

단위의 사전

호시다 타다히코 | 지음

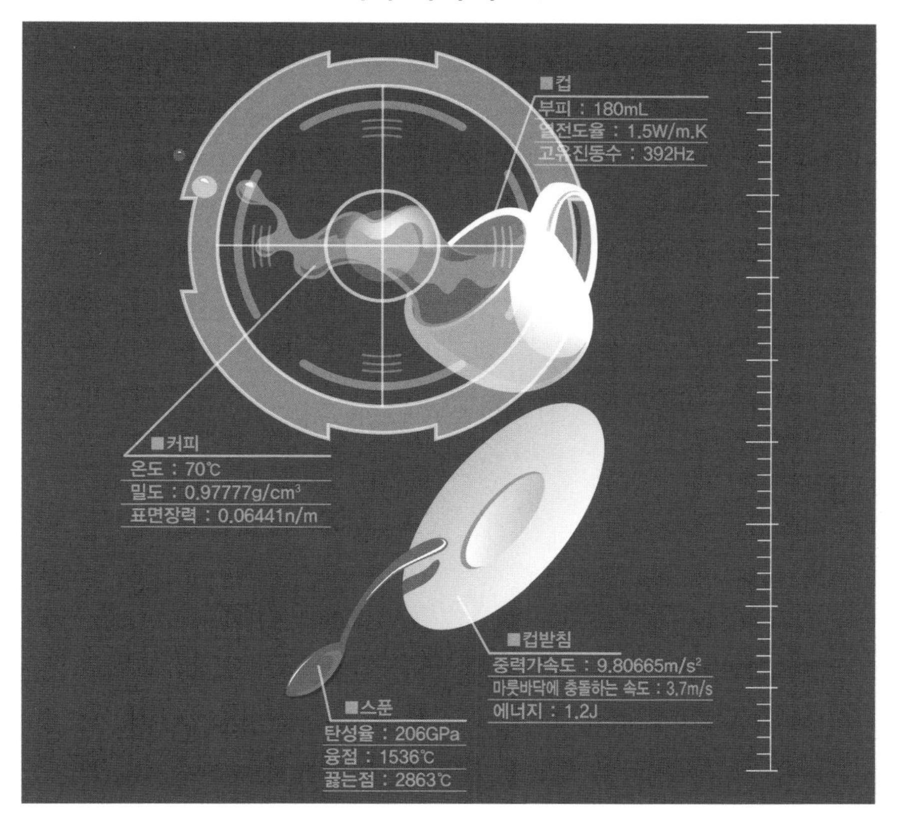

AK TRIVIA BOOK

목차

제2장 면적 · 부피 등

제3장 질량 등

제4장 시간 · 속도 등

제5장 온도 · 힘 · 에너지 등

제6장 전기 · 자기 · 빛 · 소리 등

[일러두기] 단위의 이야기를 해보자!

◆캔 커피는 [g]표시, 간장은 [mL]표시?

다음에 장을 보러 간다면 한번 확인해 보시기 바랍니다. 캔 커피의 용량은 그램[g](역주 : 일본 한정), 간장의 용량은 밀리리터[mL]로 표시되어 있는 경우가 대부분입니다. 같은 액체인데도, 다른 이유는 무엇일까요?

일반적으로 음료수나 액체조미료의 양은 부피의 단위를 사용하여 표시합니다. 그런데 커피는 통상, 가열된 상태로 캔에 충전됩니다. 액체는 온도변화로 부피가 늘어나거나 줄어들기 때문에 온도의 영향을 받지 않는 질량의 단위를 사용하여 커피의 양을 표시하는 것입니다.

우리들은 평소에 아무렇지 않게 단위를 사용하고 있었는지도 모릅니다. 그러나 단위는 사람들의 생활 속에서 태어나 긴 역사 속에서 사용하기에 더 편리하고 더 정확하게 변해왔습니다. 겨우 단위, 하지만 단위입니다.

단위에 대해서 조금 알아보지 않으시겠습니까?

◆「단위」란?

지금 여러분께서 이 문장을 읽으셨다면 아마도 손에 한 권의 책을 들고 계실 겁니다. 그렇다면「권」은「단위」일까요?

답은 No입니다. 그 이유를 이해하기 위해서는「단위」란 무엇인가를 알아야 할 필요가 있습니다.

정육점의 한 장면을 빌려와 설명해 보도록 하겠습니다.

손님 :「여기 돼지 삼겹살주세요」

점원 :「예 어서옵쇼. 얼마나 드릴까요?」

손님 :「300g 주세요」

이 장면에서 중요한 것은 점원의 말「얼마나?」입니다. 영어로 말하자면 How much? 고기를 팔려고 할 때는 How much?가 사용됩니다.

한편,

당신의 가방에는 몇 권의 책이 있습니까?

How many books do you have in your bag?

이 장면에서는 How many?가 쓰이고 있습니다.

다시 말해,

How many? …… (개)수를 묻고 있다.

How much? …… 양을 묻고 있다.

막대기의 길이, 고기의 질량, 목적지까지의 시간, 물이나 소금의 부피, 회중전등의 밝기……이렇듯「셀 수 없다」「세는 게 힘들다」인 경우에는「얼마나?」나「How much?」가 쓰입니다.

이렇듯 양에는「1」에 해당하는 것이 없기 때문에 누군가가「1」에 해당하는 것을 정해줘야만 합니다.「1」에 해당하는 것——그것이「단위」입니다.

한편, 책이나 연필은 특별히 무언가를 하지 않더라도 1, 2, 3……이렇게「셀 수 있」습니다. 단위는 필요 없습니다.

셀 수 없는 것, 세기가 어려운 것에 단위를 붙인다.

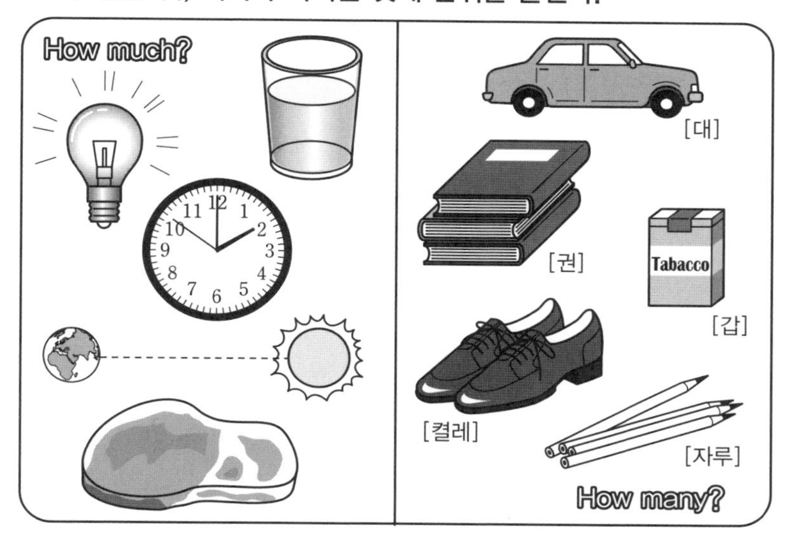

◆국제단위계 SI

각각의 나라나 지역을 다스리는 자는 그 권위에 기반을 두고 단위를 통일하려고 노력해 왔습니다.

예를 들면 중국 최초의 통일 왕조를 세운 진나라의 시황제(BC 259~210년)는 도량형※을 통일하기 위해 기준이 되는 자와 저울, 되를 만들어 전국에 배포하였습니다. 일본에서는 도요토미 히데요시(1537~1598년)가 검지(檢地, 토지측량)를 실시하는 동안에 면적의 단위를 통일한 일, 또한 부피의 기준이 되는 쿄우마스(京枡)를 제정한 일도 잘 알려져 있습니다.

같은 지역에 살고 있는 동안에는 단위에 관해서는 거래에 불편함이 없었더라도 나라나 지역을 넘어 사람이나 물건의 이동이 왕성해

(※)을 붙인 용어는 194페이지[용어집]에 해설이 있습니다.

지면, 단위의 차이에 따른 불편함이 많이 발생하게 됩니다. 해외여행을 할 때에 단위가 달라서 고생한 경험이 있으신 분도 많이 계실 것입니다. 국경을 초월해서 누구나가 같은 단위를 사용한다면 얼마나 고마울까요! 그 바람이 완전히 이루어진 것은 아닙니다만, 18세기말부터 그런 분위기가 커져 현재는 「국제단위계 SI(프랑스어 Le Système international d'unités의 약어)」라 불리는 것이 있습니다. 본문중에서는 여러번 「국제단위계SI」라고 하는 단어가 등장합니다.

◆「단위계」란?

SI에서는 위의 일곱 가지 단위를 기본단위로 삼고 있습니다.

이 일곱 개 이외의 단위도 무엇을 사용하든 좋은 것이 아닙니다. 예를 들면 면적의 단위에 대해서 어느 나라가 「에이커」를 사용하고 어느

국제단위계 SI의 역사

1795년	프랑스에서 잠정 미터법 공포
1875년	17개국이 미터조약 체결
1885년	일본이 미터조약에 조인
1889년	제1회 국제 도량형 총회가 개최
1948년	실용계량단위계의 확립을 권고
1954년	실용계량단위계의 기본단위 s · m · kg · A · K · cd를 채용
1959년	한국이 미터조약에 조인
1960년	제11회 국제 도량형 총회에서 「국제단위계 SI」의 호칭을 채택
1993년	일본이 신계량법을 실시하여 거의 전면적으로 SI로 통일

『사이언스윈도우 2010년 초여름호』에서

국제단위계 SI의 기본단위

시간	초	s
길이	미터	m
질량	킬로그램	kg
전류	암페어	A
열역학온도	켈빈	K
물질량	몰	mol
광도	칸델라	cd

나라가 「평」을 사용한다면 제대로 사용하기가 불편합니다.

그럴 때 필요한 단위는 기본단위를 조립해서 만듭니다. 면적의 단위라면 [m] × [m] = [m²], 속도의 단위라면 [m] ÷ [s] = [m/s] 같은 식입니다. ([s]는 [초]를 의미합니다). 이렇듯 수미일관된 단위의 시스템이 [단위계]입니다.

◆간단하고 즐겁고 매력적!

아차 큰일 날 뻔 했군요. 처음부터 딱딱한 문장으로 쓰고 말았습니다. 하지만 걱정하지 마십시오. 내용은 완전히 다릅니다.

보기 쉽고 읽기 쉬운 것을 추구하여 그 단위도 2페이지, 혹은 4페이지에 정리해 두었습니다.

반드시 도해도 붙여 두었으니 간편하고 즐겁게 이해할 수 있을 것이라 생각합니다.

또한 여러분의 생활과 단위가 어떤 장면에서 이어져 있는지를 소개할 수 있도록 마음을 쏟았습니다. 정말로 어쩌면 이렇게 풍부한 내용을 좁은 곳에 압축시켰는지 저 스스로도 놀랄 정도입니다.

우선은 어디부터라도 OK입니다. 흥미가 있는 부분(흥미가 없는 부분부터라도 좋습니다)을 읽어 주십시오. 「측정」이라는 행위가 얼마나 생활과 과학 사이를 이어 왔는지를 실감하실 수 있으실 것입니다. 정말 매력적인 이 단위들을 음미해 주십시오. 여러분의 입에서 몇 번의 「오호」가 튀어나올지 기대됩니다.

[주의사항]

· 본서에서 표시하는 단위의 정의는 계량법※같은 법령이나 과거의 법령에 나타난 정의, 혹은 국제적인 결정이나 관행에 기초한 것입니다만 알기 쉽게 하기 위해서 저자가 정의의 내용을 바꾸기도 했습니다.

· 본문 중에서 ※표시가 찍혀있는 용어에 대해서는 권말 194페이지의 「용어집」에 상세한 설명이 실려 있습니다. 참조해 주십시오.

제1장

길이 등

동서를 막론하고 길이의 단위는 몸의 일부를 이용한 「신체척」이나 일정한 시간 내에 이동하는 거리에서 시작되었습니다.

대항해시대에 문명 사이의 교류가 많아지면서 제각각 다르던 단위를 쓰는 것이 불합리하다는 점에 직면하게 되어 통일 단위가 요구되기 시작했습니다.

미터

국제단위계의 「길이」의 기본단위

m	읽는 법 : 미터 metre 재는 것 : 길이 정의 : 1초의 299,792,458분의 1시간 동안에 빛이 진공 속을 지나가는 거리

◆1m는 대체 무엇의 길이?

일본이 미터규약 가맹국이 된 것은 1885년. 일본 고유의 단위계였던 「척관법※」이 폐지되어 미터법으로 통일된 것이 1959년. 따라서 일본에서는 이미 충분히 오랜 기간 미터[m]를 사용하고 있었던 것이 됩니다(편집자주 : 한국은 1959년에 가입).

「미터」는 「측정」을 의미하는 그리스어에서 유래되었습니다. 그렇다면 1m 자체는 대체 무엇에서 유래되었을까요?

1m라고 한다면 대강 길이는 상상이 가시지요? 1m가 어째서 그 길이가 되었는가에 대해 설명하도록 하겠습니다.

◆「미터」가 탄생하기까지

같은 지역이나 국가에 사는 사람들이 그 지역 특유의 단위를 사용하고 있더라도 자신들의 생활에는 곤란함이 없었을 것입니다. 그러나 지역이나 국가를 넘어 사람의 왕래나 상거래가 확대되면 단위가 통일되지 않았을 경우 엄청나게 불편합니다.

서유럽의 나라들이 세계 곳곳에 식민지를 만들었던 18세기 후반, 더욱 넓은 지역에서 사용되는 공통의 단위의 필요성이 대두되었습니다. 그런 정세 속에서 세계의 단위의 통일을 부르짖었던 것이 프랑스의 정

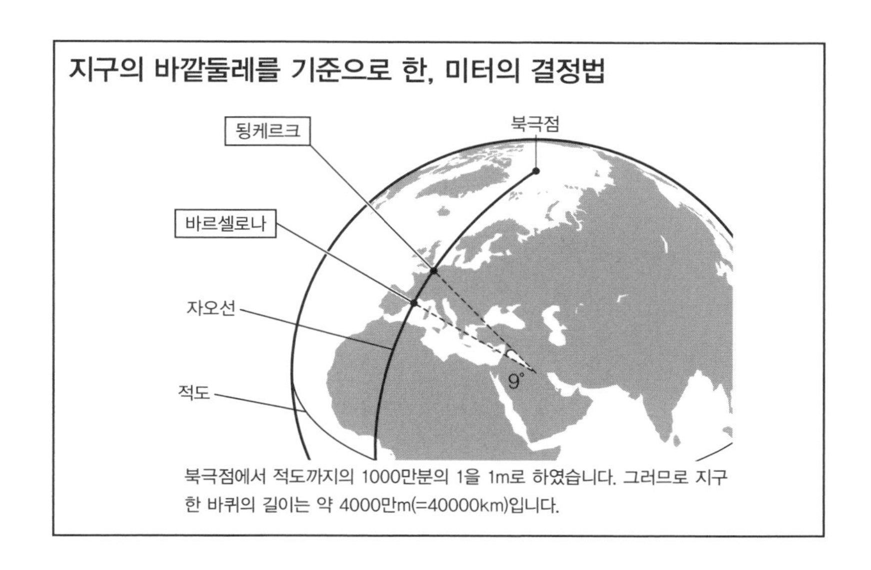

지구의 바깥둘레를 기준으로 한, 미터의 결정법

북극점에서 적도까지의 1000만분의 1을 1m로 하였습니다. 그러므로 지구 한 바퀴의 길이는 약 4000만m(=40000km)입니다.

치가 탈레랑(1754~1838년)이었습니다.

1791년, 전 세계가 납득하는 길이의 단위의 유래로 채용된 것이 「지구의 자오선」입니다. 북극에서 적도까지의 길이의 1000만분의 1을 길이의 기본단위로 삼았습니다. 실제로 북극~적도간의 10분의 1에 해당하는 프랑스 북부 해안의 항구 도시 됭케르크에서 스페인의 바르셀로나까지의 측량이 이루어졌습니다.

이 지역은 산악지대를 많이 포함하고 있습니다. 그만큼 힘든 작업이었고 당시의 프랑스와 스페인은 대립관계에 있었고 프랑스 혁명(1789년)후에 정정이 불안한 시기에 있었습니다. 스파이로 오해받아 포로로 잡힌 사람이나 목숨을 잃은 자마저 있었습니다. 이 측량작업은 6년도 더 넘게 이루어져 1798년 6월에 끝이 났습니다.

그리고 드디어 1799년, 새로운 길이의 기준으로 백금 소재의 「미터원기」가 만들어졌습니다.

◆「미터의 변천」

그러나 이 미터[m]가 전 세계에 곧바로 보급된 것은 아닙니다. 각각의 지역에는 지금까지 사용되어 온 오래도록 익숙해진 단위가 있었습니다. 프랑스에서는 미터를 보급시키기 위해 1837년에 「1840년 이후 미터법 이외의 단위를 공문서에 사용할 경우에는 벌금을 부과한다」고 하는 법률을 제정했습니다. 그러나 단위의 통일에 골머리를 앓았던 것은 프랑스만이 아니었기 때문에 프랑스에 의한 미터법 선언은 서서히 힘을 얻어 각국도 미터에 흥미를 갖기 시작하였습니다.

미터원기가 완성된 지 90년 뒤인 1889년에 열린 제1회 국제 도량형 총회에서 처음으로 미터가 공인되었습니다. 이 날 미터가 세계에 데뷔한 것입니다. 동시에 새로운 「국제 미터원기」가 만들어져 승인되었습니다. 현재는 거의 대부분의 국가에서 미터법이 사용되고 있습니다.

◆현재의 미터의 정의

그 후에도 미터의 정밀도를 높이기 위한 노력은 계속되었습니다. 진보한 측량기술을 이용하여 북극~적도 사이를 측정해 보았더니…… 놀랍게도 18세기말의 측량의 결과와는 다른 값이 나왔던 것입니다.

그리하여 1960년 미터는 지구를 기준으로 하는 정의에서 크립톤 86 원자의 빛의 파장을 사용한 정의로 변경되었습니다. 나아가 1983년에는 빛을 사용한 정의로 변경되었습니다. 이것이 현재도 사용하고 있는 미터의 정의입니다.

길이의 기준을 정하는 방식

1970년 당시 「북위 45도의 지점에서 주기가 2초인 진자의 끈의 길이」를 1미터로 하려고 한 안도 있었습니다. 그러나 같은 45도 지점이라도 중력이 다르거나 길이의 정의에 「시간」이 들어간다는 이유로 채용되지 않았습니다.

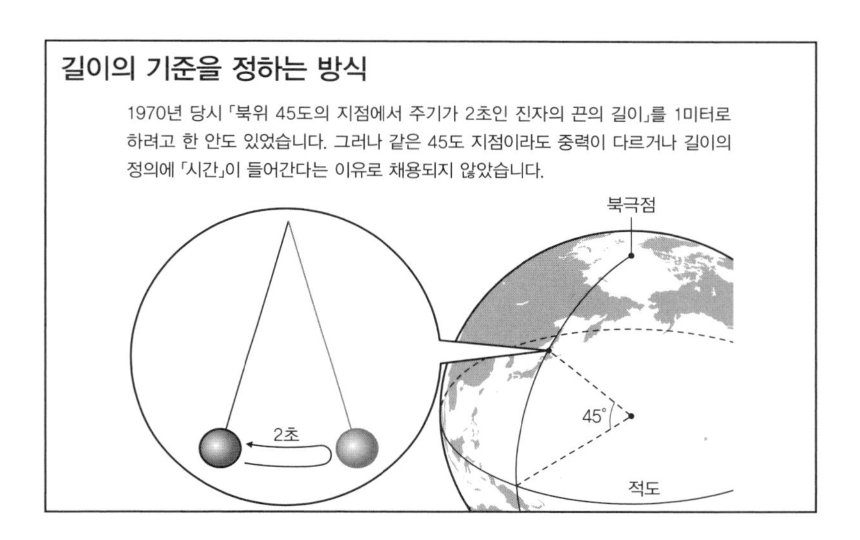

그러면 1889년에 만들어진 국제 미터원기는 동시기에 만들어진 별도의 원기가 여러 개 존재합니다. 그 중에 하나가 일본에도 있는데, 산업기술종합 연구소에 보관되어 있습니다(편집자주 : 미터조약 가맹국에게는 규정된 범위 내에서 국제원기와 동형 · 동질의 복제원기가 배포된다).

큐빗

세계에서 가장 오래된 단위?

큐빗 cubit
재는 것 : 길이
유래 : 팔꿈치에서 중지의 끝까지의 길이　비고 : 약 43~53cm

◆「신체척」의 대표적인 예 큐빗

고대에 사용하던 단위를 소개하겠습니다.

큐빗은 고대 이집트나 메소포타미아 같은 곳에서 사용되었던 길이의 단위로 그 명칭은 「팔꿈치」라는 의미의 라틴어 「cubitum」에서 유래했습니다.

큐빗은 지역이나 시대 용도에 따라 그 길이가 다릅니다. 일반적으로 「팔꿈치에서 중지의 끝까지의 길이」를 기초로 정해지기 때문에 대략 50cm 정도가 1큐빗이 됩니다. 1m는 「더블 큐빗(2큐빗)」에 가까운 길이가 됩니다.

고대 이집트에서는 파라오(왕)의 팔꿈치를 기준으로 큐빗이 정해졌습니다. 파라오가 바뀌면 큐빗의 길이가 바뀌기도 했습니다. 어쩐지 적당히 만든 것처럼 들릴지도 모르겠습니다만 이집트에 지금도 남아있는 수많은 피라미드는 이 「큐빗」을 단위로 삼아 정밀하게 만들어졌습니다.

◆스판, 팜, 디지트

큐빗의 분량단위(작게 나뉜 단위)를 소개하겠습니다.

손바닥을 벌렸을 때 엄지손가락 끝에서 새끼손가락까지의 거리를 스판(span)이라고 합니다. 지금 여러분의 큐빗을 여러분의 스판으로 측

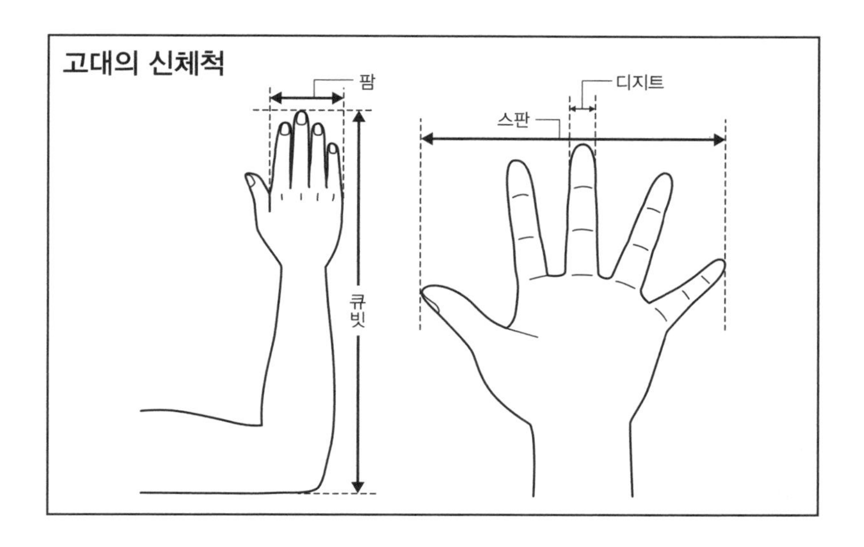

정해 보시기 바랍니다. 「1큐빗 = 2스판」이라는 관계를 실감하실 수 있으실 겁니다.

그 외에도 위 그림에서 보이듯이 엄지손가락 이외의 4개의 손가락의 폭인 팜(palm)이나 손가락 한 개 분량의 폭인 디지트(digit) 등이 있습니다. 팜과 디지트사이에는 「1팜 = 4디지트」라는 관계가 있습니다.

「디지트」는, 현대생활에서 친숙한 용어인 「디지털」의 어원이 되었습니다.

스타디온

걸어간 거리를 단위로 삼다

스타디온 stadion　재는 것 : 길이
유래 : 태양의 위쪽 끝이 지평선에 보일 때부터 아래쪽이 지평선을 떠날 때까지의 시간 동안 사람이 태양을 향해서 걸어간 거리
비고 : 약 180m. 복수형은 스타디아 stadia

◆태양을 향해서 걸어보자!

큐빗에 이어 고대의 길이를 또 하나 소개하겠습니다.

「일정한 시간」 동안 「사람이 걷는」다는 행위에서 태어난 단위로 「스타디온」이 있습니다. 이 「일정한 시간」이라는 측정법이 꽤나 독특합니다.

아침, 지평선에 태양이 보이기 시작할 순간에 걷기 시작하여 태양의 모습이 완전히 보이게 될 때까지 걷습니다. 그 걸어간 거리가 「1스타디온」입니다.

지구에서 보는 태양의 시직경(보이는 직경을 시각의 각도로 표시한 수치)는 약 0.53도. 태양이 0.53도 이동(물론 실제로는 지구가 자전하고 있는 것입니다만)할 때 필요한 시간은 약 2분. 다시 말해 약 2분간 걸어간 거리가 1스타디온입니다. 이것은 걷는 사람의 보폭에 따라 다르지만 180m 정도가 됩니다.

◆「스타디움」의 유래

고대 그리스에서는 제1회 올림픽(BC 776년)부터 1스타디온의 직선 코스를 달리는 경기 「스타디온 경주」가 열렸습니다.

초기의 올림픽에서는 스타디온 경주밖에 열리지 않았다고 합니다.

그렇기 때문에 고대 올림픽이 개최되는 경기장은 1스타디온의 길이

고대 바빌로니아의 거리의 단위

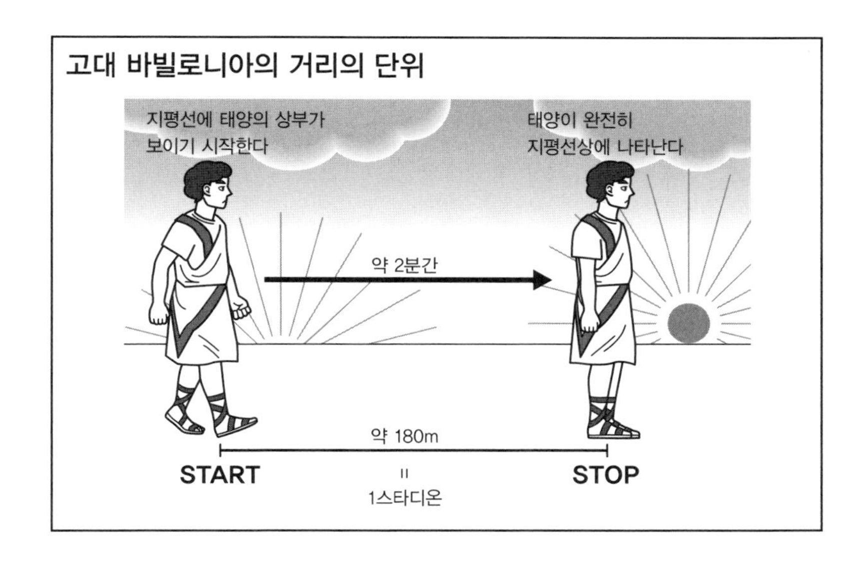

를 갖도록 설계되었습니다. 여기서 「관람석을 갖춘 운동경기장」을 「스타디움」이라고 부르게 되었습니다.

당시의 스타트라인과 골라인은 돌로 만들어졌기 때문에 지금도 고대 스타디움에 가보면 1스타디온의 길이를 확인 할 수 있습니다. 델파이는 178.35m, 올림피아는 191.27m 정도로 지역에 따라서 길이에 상당한 차이가 있었습니다.

척

엄지와 검지를 벌린 거리

尺	읽는 법 : 척 재는 것 : 길이 정의 : (10/33)m 비고 : 1척 ≒ 30.303cm
寸	읽는 법 : 촌 재는 것 : 길이 정의 : (1/10) 척 비고 : 1촌 ≒ 3.030cm

◆도효(土俵)의 직경은?

스모를 처음 보는 사람은 종종「도효(편집자주 : 스모 경기가 열리는 모래판)가 저렇게 좁을 줄은 몰랐다」고 놀라곤 합니다. 도효의 직경은 4m 55cm. 이 좁은 곳에서 선수들의 육체가 부딪히기 때문에 그 박력은 엄청납니다.

그건 그렇다 쳐도「4m 55cm」라 하면 어중간한 인상을 받게 됩니다. 왜 어중간한 값이 되었는가 하면「미터」로 표시했기 때문입니다.

도효의 직경을 예로부터 일본에서 사용되던 길이의 단위인「척」(1척은 약 30.303cm)으로 나타내면 15척(편집자주 : 한국씨름판은 지름 10m의 원형. 약 33척이다). 굉장히 구별하기 좋은 숫자가 됩니다. 척관법※이 폐지된 것이 1959년, 많은 일본인은 척의 감각을 잃어버리고 만 모양입니다(편집자주 : 한국도 오래전부터 사용하였으나, 1963년 계량법이 제정되면서 사용하지 않게 되었다).

◆「척」은 늘어난다?!

척의 역사를 간단히 소개하겠습니다.「척(尺)」이라고 하는 글자는 엄

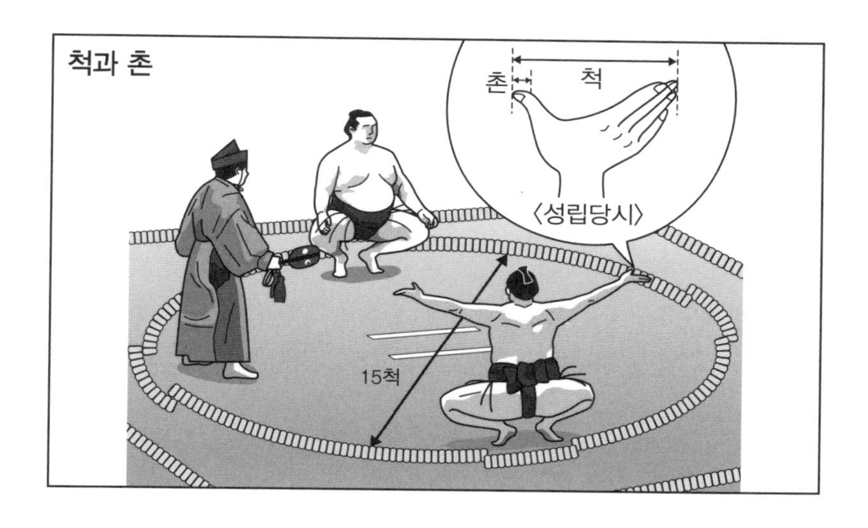

지손가락과 검지를 펼쳐 물체에 대고 있는 모양에서 만들어진 상형문자입니다. 실제로 척의 길이가 정해진 중국의 은나라 시대에는 1척은 18cm 정도였다고 여겨지고 있습니다.

왜 18cm가 30cm로 늘어난 것일까요? 이것에는 정권이 바뀜에 따라 새로운 권력자가 척의 단위를 늘리고 세금을 거둘 때 그만큼 많은 양을 걷기 위해서라고 합니다.

그러한 공공정책에 엮인 척과는 달리, 중국에서는 목수가 대대로 사용해온 척(曲尺, 곡척)도 있습니다. 곡척은 정치의 영향을 받는 일 없이, 또한 토목건축에 사용되어 왔으며 길이가 변화하는 일도 적었던 모양입니다. 일본에 지금 전해져 오는 척은 중국의 주나라 시대의 곡척과 거의 비슷합니다.

◆「척」의 길이가 정해지다!

이노 타다타카(편집자주 : 1745~1818년, 일본 막부시대의 지리학자)가 전국을 측량하고 다니던 무렵, 일본에는 아직 척에 대한 규정이 없었습니다. 「곡척」이라고 불리는 것이 여러 종류 유통되고 있었고 제각각 길이도 달랐습니다.

거기서 이노 타다타카는 당시의 대표적인 척이었던 교보척(享保尺, 죽척)의 1척과 마타시로(又四郎尺) 척(鐵尺, 철척)의 1척을 평균 내어 새로운 1척을 정하였습니다. 이것이 「셋츄척(折衷尺)」으로 불리는 단위입니다.

1875(메이지 8)년, 메이지 정부는 이 셋츄척의 「척」을 곡척의 「척」으로 채용했습니다. 이것이 오늘날에 전해지고 있는 척이 된 것입니다.

◆벌금까지 있다?

여기부터 조금 복잡해집니다.

일본에서는 1891년에 제정된 도량형법※에 의해 미터법의 사용이 인정됩니다(편집자주 : 한국에서는 계량법 제11조에 의해 1963년 5월 31일부터 거래 및 증명에 미터법만 사용하도록 제정). 동시에 1척의 길이는 미터를 사용해서 (10/33)m로 정해집니다. 이것은 약 30.303cm가 됩니다.

여기에 1909년에는 야드 · 파운드법※도 공인됩니다. 일본에서는 일시적으로 길이의 단위로 척, 미터, 야드 중 어느 것을 사용해도 좋다는 혼란의 시기가 찾아온 것입니다.

현재는 거래 · 증명상의 계량에서 척의 사용은 금지되어 있습니다.

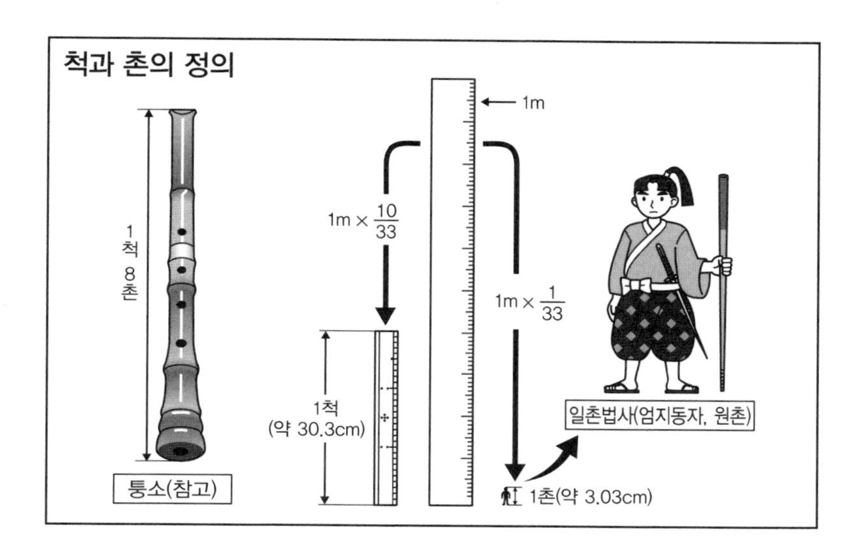

위반자는 50만엔 이하의 벌금에 처해지니(계량법※제 173조) 주의해 주십시오!

◆「일촌」만 더 읽어 주세요!

「일촌법사(엄지동자)」에서 나오는 유명한「촌」이라는 길이의 단위는 엄지손가락의 폭에서 유래했다고 합니다. 애초에 촌은 척과 연관성이 없었습니다만, 중국의 주나라 시대에 척의 10분의 1의 길이로 정해졌습니다.

1891년의 도량형법※으로 1촌은 (1/33)m, 다시 말해 약 3.03cm로 정해졌습니다. 또한 촌의 10분의 1의 길이가「분」으로 이것은 3.03mm가 됩니다. 이하의 10분의 1씩「리(厘)」,「모」,「사」로 이어집니다(이 다음은 P.103에서).

간, 리

지역에 따라 차이가 있던 단위

間	읽는 법 : 간 재는 것 : 길이 정의 : 6척　비고 : 1간 = 1.8182m
里	읽는 법 : 리 재는 것 : 길이 정의 : 1리 = 36정　비고 : 1리 = 3.9273km

◆척의 배량단위

10척(약 3.03m)이라는 길이는 1장이라고 불립니다. 장은 성인 남성의 신장에서 유래한 것입니다만, 척의 길이가 늘어나 버린 관계로 장의 길이도 늘어나고 말았습니다. 장은 물체의 길이를 잴 때에 쓰입니다. 「신장」이라는 말이 있지요.

한편, 땅이나 거리를 측정할 때는 간, 정, 리가 쓰였습니다. 다음과 같이 정의됩니다.

1간 = 6척 ≒ 1.818m

1정 = 60간 ≒ 109.1m

1리 = 36정 ≒ 3.927km

◆「간」이 달라지면 다다미 사이즈도 다르다!

「간」은 애초에 기둥과 기둥의 간격을 가리킵니다. 이 길이가 재목이나 다다미(편집자주 : 짚으로 만들어진 일본의 전통적인 바닥재), 장지문의 길이를 결정하는 기준측정법이 되기 때문에 중요한 단위입니다. 「1간 = 6척」으로 정의되어 있지만 현재도 이 단위는 지역에 따라

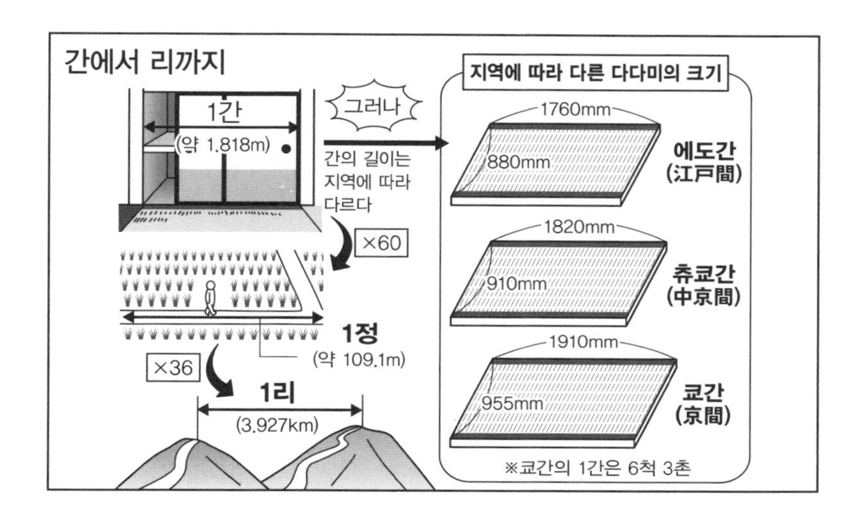

약간씩 차이가 있습니다. 이 영향으로 관동과 관서에서는 다다미의 사이즈도 달라집니다.

쿄간의 다다미 ……… 955mm × 1910mm

에도간의 다다미 …… 880mm × 1760mm

◆사람이 1시간 동안 걷는 거리

「리」는 고대 중국의 주나라 시대부터 있던 단위입니다. 이 단위는 긴 거리를 나타내기에 계측이 어려워, 걷는데 걸리는 시간을 통해 거리를 측정했습니다. 따라서 평지와 산길에서는 길이가 당연히 달라집니다. 하지만 그런 것으로는 혼란을 불러일으키기 때문에 메이지정부는 1891년에 「1리 = 36정」으로 통일하였습니다.

1리의 길이는 약 4km. 이것은 사람이 약 1시간 동안 걷는 거리를 기준으로 했습니다. (역주 : 한국에서 1리는 약 400m)

야드

영국이 야드를 포기했다?

yd
읽는 법 : 야드 yard
재는 것 : 길이
정의 : 0.9144m(정확히)　비고 : 야드 · 파운드법의 기본단위

◆야드의 정의는?

골프를 하시는 분이라면 야드[yd]라는 길이의 단위를 실감하실 수 있을 것입니다. 골프에서는「클럽」이라는「곤봉」을 사용합니다만 야드의 어원도「봉」입니다. 분명 봉을 길이를 재는데 사용했을 것입니다.

1야드의 길이는 지역, 시대, 용도에 따라 다양합니다. 혼란을 해소하기 위해 1958년 7월 이후, 정확히 1yd = 0.9144m로 미터를 사용해 정의하고 있습니다.

일본에서는 1909년부터 1921년까지 야드의 사용이 인정된 시기가 있어「碼(야드)」라고 불리는 한자까지 있습니다(편집자주 : 한국은 1963년 12월 이후 야드 · 파운드법을 비법정계량단위로 규정하고 거래 및 증명에 사용하는 것을 금지했다).

◆임금님의 코끝이 단위로?

야드는 야드 · 파운드법※에서 길이의 기본단위입니다. 야드의 역사는 오래되어 그 기원에는「큐빗의 2배」「풋[ft]의 3배(풋은 피트의 단수형)」「앵글로 색슨족의 허리 둘레」등의 설이 있습니다.

제가 재미있다고 생각하는 것은「임금님」에서 유래되었다는 설입니다. 잉글랜드의 임금님 헨리 1세(1068~1135년)가 팔을 뻗었을 때 코

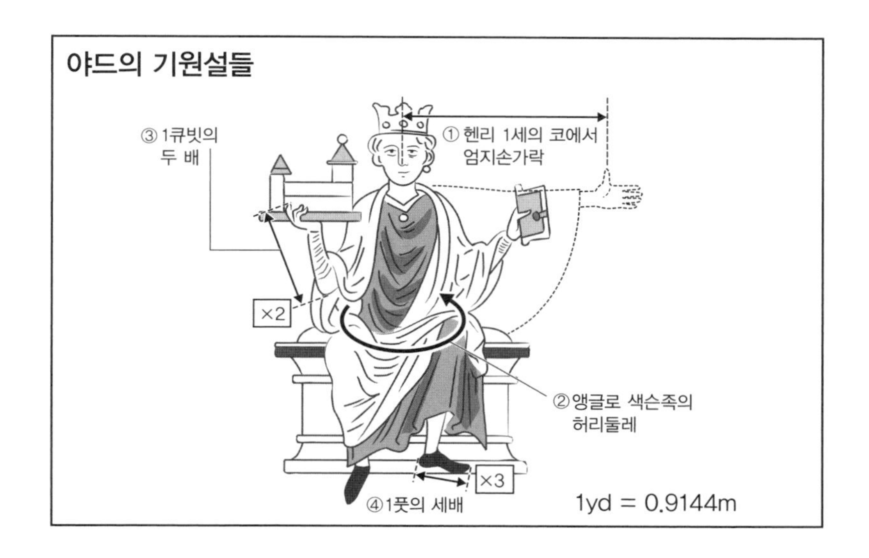

끝에서 엄지손가락 끝까지의 길이를 야드로 정했다는 것입니다.

어느 것이 진실인지는 알 수 없습니다만 야드와 다른 단위의 관계는 다음과 같습니다.

1야드 = 2큐빗 = 3피트

허나 야드 · 파운드 법을 오래전부터 사용하고 있던 영국에서도 1995년에 국제단위계로 이행이 개시되었습니다. 현재, 주요 선진국에서 야드 · 파운드 법을 사용하고 있는 것은 미국뿐입니다.

피트

발 길이에서 유래한 단위

ft	읽는 법 : 풋, 피트 foot, feet 재는 것 : 길이 정의 : (1/3)yd, 12in　　비고 : 1ft = 0.3048m

◆단수라도 「피트」라고 부른다?

축구 골대의 크기를 알고 계십니까? 골대 안쪽의 길이는 7.32m×2.44m로 정해져 있습니다. 어중간한 수치입니다. 하지만 도효의 크기가 척으로 딱 맞아 떨어지는 것처럼 축구 골대의 크기와도 상성이 좋은 단위가 있습니다. 그것이 피트[ft]입니다.

피트는 그 이름대로 발의 길이를 기준으로 한 것입니다. 단, 피트(feet)는 복수형입니다. 단수형은 foot으로 일본의 계량법※에서는 이것을 「풋」이라고 부르고 있습니다. 그러나 실제로는 단수 · 복수를 신경 쓰지 않고 「피트」를 사용하는 경우가 많은 것 같습니다. 한자로는 「呎(피트)」라고 표기합니다.

◆축구 골대의 크기는?

현재의 1피트는 1야드의 3분의 1의 길이로 정의되어 있습니다. 정확하게는 0.3048m입니다. 상당히 「큰 발」입니다. 거의 30cm나 되는 발!

야드의 유래에서 헨리 1세가 등장했었습니다만 1피트는 헨리 1세의 발 사이즈라는 속설이 있습니다. 아마도 신발을 신고 있었던 모양입니다.

이 커다란 발을 단위로 하여 축구 골대의 크기를 측정해 보면 24피트

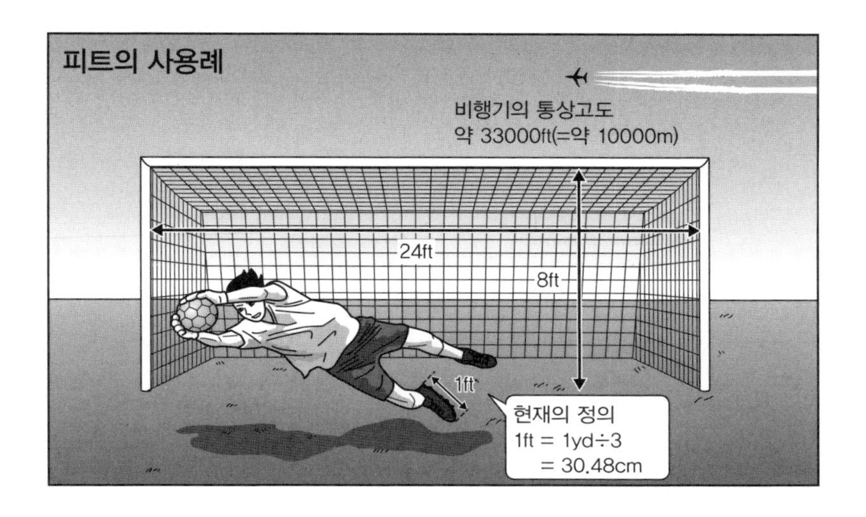

×8피트가 됩니다. 가로와 세로의 비가 딱 3:1이 되는군요!

미국에서는 길이의 단위로 야드나 피트가 널리 사용되고 있습니다. 다른 대부분의 나라에서는 미터가 사용되고 있습니다만, 미국의 영향이 강한 항공이나 우주 분야에서는 미국과 같은 단위를 쓸 수밖에 없습니다. 항공회사가 비행기의 비행고도 등을 피트를 사용해 나타내는 데는 그러한 이유가 있습니다.

인치

TV나 타이어에 사용되고 있습니다!

in
읽는 법 : 인치 inch
재는 것 : 길이
정의 : (1/12)ft　비고 : 1in = 25.4mm(정확히)

◆댁의 TV는 몇 인치?

영어권에서 말하는 인치 웜(inchworm)은 흔히「자벌레」라고 불리고 있습니다. 그러나 1척은 거의 30cm. 그런 커다란 벌레를 코앞에서 봤다간 비명을 지르고 말 것입니다. 그러나「인치 웜」이라면 1인치는 25.4mm(2.54cm). 벌레를 싫어하는 사람이라도 작은 비명으로 끝날 것입니다.

인치[in]의 기원으로 유력한 설은 고대 로마인이 1피트(304.8mm)를 12등분하여 이것을「엄지손가락 폭」으로 불렀다는 것입니다.

인치는 12분의 1을 나타내는 라틴어인 uncia에서 유래했습니다. 엄지손가락의 폭이라고 하는 것은「촌」과 동일한 발상입니다.

◆스포츠는 인치 투성이!

인치는 야드 · 파운드 법※ 단위입니다만 현재에도 꽤 사용되고 있습니다. 이것은 전후에 미국에서 TV 브라운관 같은 인치기준으로 만들어진 것이 들어오면서부터라고 합니다.

예를 들면「28인치 액정 TV」라고 하면 화면의 대각선의 길이가 28인치(약 71cm)인 TV를 말합니다.「26인치 자전거」라고 하면 쓰이는 타이어의 바깥지름이 26인치(약 66cm)인 자전거를 말합니다. 또한 셀로

영미에서 일반적인 야드 · 파운드법의 단위

길이	야드	yd	0.9144m
	인치	in	1/36yd
	피트	ft	1/3yd
	로드		16.5ft
	펄롱		220yd
	마일	mile	1760yd
중량	파운드	lb	0.45359237kg
	그레인	gr	1/7000lb
	온스	oz	1/16lb
온도	화씨	˚F	1/1.8K
부피	갤런	gal	0.003785412㎥

판테이프의 두루마리 심이 3인치(약 76mm)인 것과 1인치(약 25mm)인 것이 있습니다.

스포츠 분야에서도 인치가 쓰이는 장면이 산더미처럼 나옵니다.

아이스하키 팩의 직경 ……3인치

볼링 핀의 크기 ……15인치

야구의 홈베이스의 폭 ……17인치

골프 클럽의 길이 ……18인치 이상

마일

유래는 1000파수스

mile	읽는 법 : 마일 mile [mi], [ml] 재는 것 : 길이 정의 : 1760yd 비고 : 1609.344m (정확히)

펄롱 furlong
재는 것 : 길이
정의 : 220yd 비고 : 201.168m (정확히)

◆미국에는 마일이 한가득!

미국 영화를 보고 있으면 마일[mile]이라는 단위가 자주 등장합니다. 자동차의 속도계가 [70mph]를 표시하고 있으면 시속 70마일(mile per hour)를 말하는 것입니다. 1마일은 약 1.6km이므로 이것은 대강 시속 112km입니다. 그러고 보면 메이저리그 중계에서는 구속의 표시에도 [mph]가 쓰입니다.

1마일은 1760야드입니다. 이러한 어중간한 숫자가 된 데에는 각각의 기원을 갖는 길이의 단위를 연관 지으려고 했던 것이 원인입니다.

경마 팬이라면 펄롱(furlong)이라는 단위를 알고 계실 것입니다. 펄롱은 말을 이용해 땅을 일구던 것에서 유래한 길이의 단위입니다. 1펄롱은 220야드(201.168m)입니다(편집자주 : 한국과 일본의 경마에서는 편의상 1펄롱을 200m로 한다).

엘리자베스 1세(1533~1603년)는 1593년에 1마일의 길이를 8펄롱으로 정했습니다. 그 결과,

1마일 = 8펄롱 = 1760야드

이런 관계가 성립되었습니다.

스포츠에는 야드 · 파운드법이 자주 쓰인다

◆ 거리를 걸어서 재자!

마일은 어디서 나온 것일까요?

토지나 밭 같은 것의 대강의 길이를 알고 싶을 때 우리들은 자주「걸어서 측정」하곤 합니다. 보폭과 보수를 곱하면 대강의 길이를 알 수 있습니다.

고대 로마에서도「파수스 passus」라고 하는 같은 발상의 단위가 있었습니다. 두 걸음만큼의 보폭을 1파수스로 삼았는데 그 길이는 약 1.48m 였습니다. 1000파수스는「밀레 파수스 millepassus」라고 불리며 이것이 마일(mile)의 유래가 되었습니다.

히로, 몬

양손을 펼친 길이, 발의 길이

尋	읽는 법 : 히로(심) 재는 것 : 길이 정의 : 6척　비고 : 1 히로 ≒ 1.818m(일본 고유 단위)
文	읽는 법 : 몬(문) 재는 것 : 길이 정의 : 0.024m

◆양손을 펼치면 어느 정도?

양손을 펼쳤을 때의 길이——이것이 「히로」라는 단위의 유래입니다. 애초에 「尋(히로)」라는 한자는 「左」「右」「寸」을 합쳐서 만든 한자로 왼손과 오른손을 펼친 모습을 표현한 것이라고 합니다.

1히로의 길이는 5척(약 1.515m) 혹은 6척(약 1.818m)입니다. 1872년 태정관 포고에는 1히로가 6척이라고 정해져 있습니다.

「히로」는 밧줄이나 그물, 수심을 측정할 때에 쓰입니다. 낚싯줄을 양손에 들고 크게 펼쳐보이는 길이가 약 1히로, 이것이 두 개만큼 있다면 2히로가 됩니다. 현재도 어군탐지기에서 깊이를 표시하는 단위로 「히로」가 쓰이기도 합니다.

야드 · 파운드 법※에도 양손을 펼친 단위, 패덤(fathom)이 있습니다. 영국의 경우는 1패덤은 6피트(약 1.82m)로 정의되어 있습니다. 이것은 1히로와 거의 같은 길이입니다.

게다가 패덤도 주로 수심의 단위로 쓰입니다. 나라는 다르지만 생각하는 것은 같다는 점이 재미있습니다.

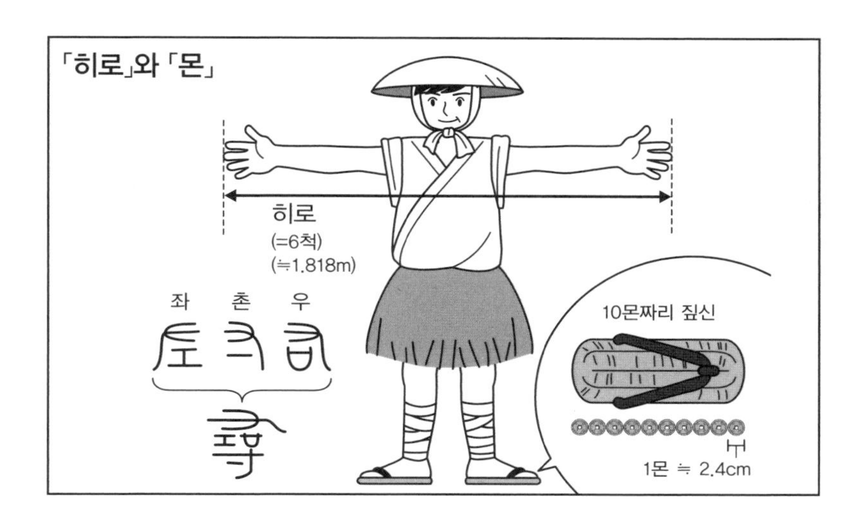

◆당신의 발 사이즈는?

손 다음은 발!

일본에서는 버선이나 신발의 크기를 나타낼 때에 「몬」을 사용했습니다(편집자주 : 한국도 실발 사이즈를 잴 때 '문'을 사용했으며, 1문의 길이는 약 2.4cm였다). 이것은 1몬전을 늘어놓아 발의 사이즈를 측정한 데에서 유래했습니다. 1몬의 길이는 1몬전의 직경인 약 2.4cm입니다.

척관법※의 폐지에 따라 신발의 사이즈는 센티미터[cm]로 표시하게 되었습니다. 하지만 시험 삼아 당신의 신발 사이즈를 「몬」으로 표시해 보지 않으시겠습니까? 제 경우는 26.5cm이니 11몬입니다.

옹스트롬

작은 길이를 나타내는 단위

Å	읽는 법 : 옹스트롬 angstrom 재는 것 : 길이 정의 : 1m의 100억분의 1

Y	읽는 법 : 유카와 yukawa 재는 것 : 길이 정의 : 10^{-15}m

◆작은 ○가 붙은 귀여운 단위

굉장히 작은 길이를 표시하는 단위를 소개하겠습니다.

우선은 옹스트롬[Å]. A의 위에 작은 ○가 붙어 있는 귀여운 단위입니다. 길이도 귀엽게 1m의 100억분의 1. 스웨덴의 물리학자 A.J.옹스트롬(1814~1874년)이 태양 스펙트럼선의 파장(의 길이)를 나타내기 위해 10^{-10}m를 단위로 한 것이 시초입니다.

국제단위계 SI의 단위는 아닙니다만 대응되는 SI단위를 명시할 경우에는 병용이 인정됩니다. 나노미터[nm]나 피코미터[pm]를 이용하는 것이 좋다고 생각합니다(나노는 10^{-9}, 피코는 10^{-12}을 나타내는 접두사. P.80을 참조).

$$1\text{Å} = 10^{-10}\text{m} = 0.1\text{nm} = 100\text{pm}$$

◆사용되지 않게 된 단위

마찬가지로 짧은 길이를 나타내는 단위로 마이크론[μ](micron)이 있었습니다.

1μ는 10^{-6}m입니다. 과거형으로 쓴 이유는 1967년에 폐지된 단위

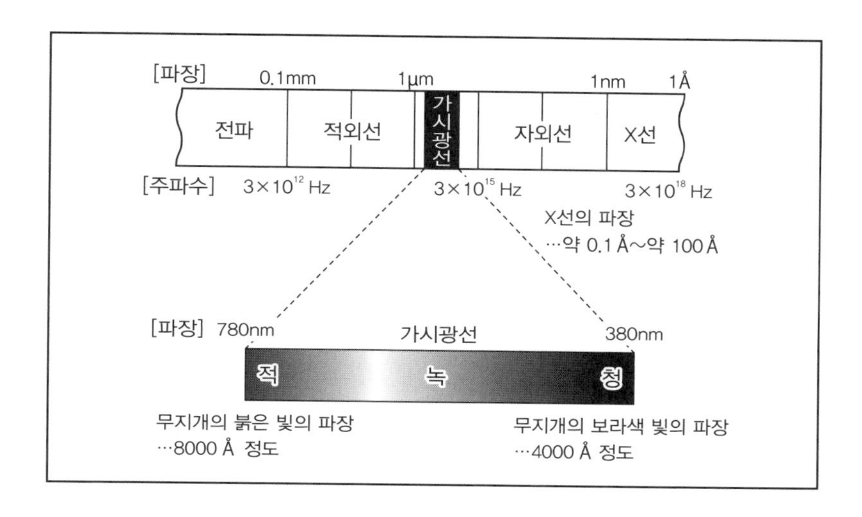

이기 때문입니다. 그러나 지금도 연배가 있으신 분들 사이에서는 짧은 길이의 대명사처럼 이 단위명을 사용하는 분들이 계십니다. 같은 길이를 나타내는 마이크로미터[μm]$(=10^{-6}m)$을 사용하면 「시대에 뒤쳐진」 사람이라는 소리를 듣지 않습니다.

◆일본인의 이름이 붙은 단위가 있다!

원자물리학에서 쓰이는 단위로 유카와[Y]가 있습니다. 1Y는 $10^{-15}m$입니다.

일본에서 처음으로 노벨상을 받은 유카와 히데키(1907~1981)의 이름을 따서 지어진 단위입니다만 안타깝게도 SI단위는 아닙니다. 같은 길이의 펨토미터[fm]$(=10^{-15}m)$를 사용하는 것이 좋을 것입니다.

광년

빛이 1년 동안 가는 거리

ly	읽는 법 : 광년 light year　재는 것 : 길이 정의 : 전자파가 자유공간을 1년간 통과하는 거리 비고 : 1ly = 9,460,730,472,580,800m(정확히) ≒ 9.46Pm(페타미터)

◆굉장히 긴 거리

천문학에서 쓰이는 기~인 거리에 대해 생각해 봅시다. 어떤 단위가 쓰일까요?

가장 먼저 떠오르는 것은 역시 「광년」입니다. 「년」입니다만 시간의 단위가 아니라 제대로 된 거리의 단위입니다. 1광년이란 빛(전자파)가 1년간 나아가는 거리입니다.

빛의 속도는 299792458m/s(약 초속 30만km)이니 이것에(초로 표시한) 1년의 길이를 곱하면 1광년이 어느 정도 거리인지 구할 수 있습니다. 1광년은 9조4607억3047만2580.8km, 약 9.46Pm(페타미터)입니다(페타 P는 10^{15}을 나타내는 접두사).

광년은 영어로 light year. 단위기호의 [ly]는 두 개의 단어의 머리글자를 따와 탄생했습니다.

◆[광초]를 사용해 보자!

지구상에서는 광년을 사용해서 표시할 길이는 존재하지 않습니다. 빛은 1초간 지구를 약 7바퀴 반을 돌 수 있을 정도로 빠르기 때문에 [광초사이즈]조차도 없습니다.

광년이 너무나도 먼 거리이기 때문에 비교적 가까운 천체의 거리를

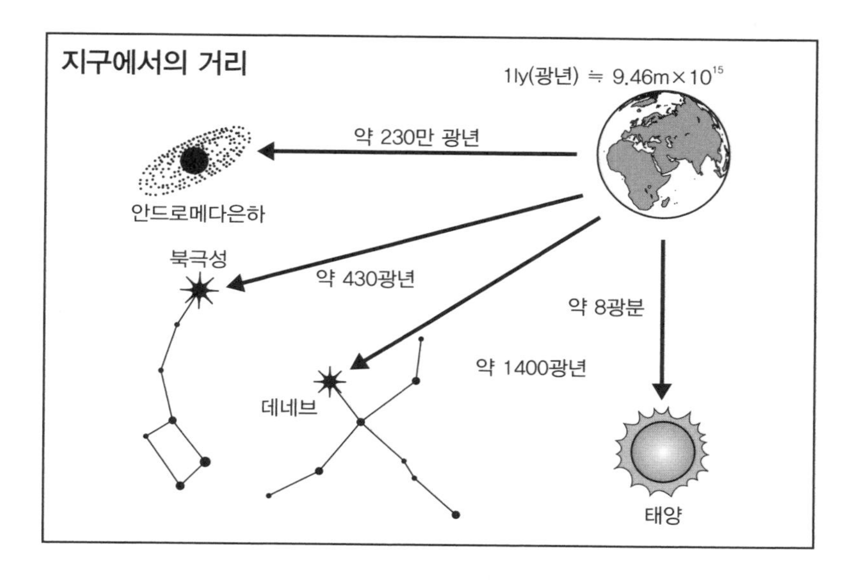

나타내는 데는 다음과 같은 단위를 사용할 수도 있습니다.

1광초 = 299,792,458m

1광분 = 17,987,547,480m

1광시 = 1,079,252,848,800m

1광일 = 25,902,068,371,200m

이러한 단위를 사용하면 지구에서 달까지의 거리는 약 1.28광초, 태양에서 지구사이는 약 8.3광분, 태양에서 명왕성간은 약 5.5광시로 표시됩니다.

파섹

광년보다도 긴 거리의 단위

au 읽는 법 : 천문단위 astronomical unit　재는 것 : 길이
유래 : 지구와 태양 간의 평균거리
정의 : 149,597,870,700m (정확히)

pc 읽는 법 : 파섹 parsec　재는 것 : 길이
정의 : 1초가 1천문단위인 원둘레를 펼친 거리
비고 : 1pc ≒ 3.08568 × 10^{16}m

◆지구 ~ 태양 간의 거리를 사용한다!

태양계 내의 거리를 생각해 볼때는 광년이라는 단위는 너무 큽니다. 그래서 지구와 태양사이의 평균거리에서 따온「천문단위」[au]를 사용하는 것이 편리합니다. 그렇기 때문에 천문단위는 SI단위와 병용이 인정되고 있습니다.

그러면 [au]를 사용해서 태양계의 행성(왜행성)까지의 평균거리를 측정해 봅시다.

태양~수성	0.387 au	약 5.791 × 10^7km
태양~금성	0.723 au	약 1.082 × 10^8km
태양~지구	1 au	약 1.496 × 10^8km
태양~화성	1.52 au	약 2.279 × 10^8km
태양~목성	5.20 au	약 7.784 × 10^8km
태양~토성	9.55 au	약 1.427 × 10^9km
태양~천왕성	19.2 au	약 2.871 × 10^9km
태양~해왕성	30.0 au	약 4.498 × 10^9km
태양~명왕성	39.5 au	약 5.914 × 10^9km

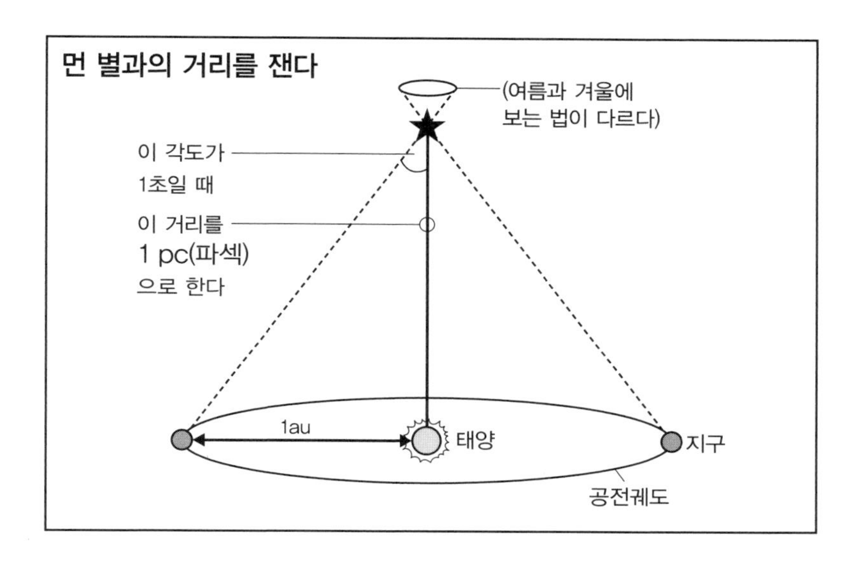

◆지구에서 보면……, 태양에서 보면……

광년[ly] 보다도 긴 거리, 약 3.26광년을 1로 삼는 단위가 있습니다. 파섹[pc]입니다. 1파섹은 약 3.086×10^{16}m입니다.

같은 별을 태양과 지구에서 관측하면 보이는 방향이 달라질 것입니다. 이 각도의 차를 「시차」라고 합니다. 시차가 1초(1도의 3600분의 1도) 일 때, 그 천체까지의 거리가 1파섹입니다. 「파섹」은, parallax(시차)와 second(초)를 조합한 단어입니다.

태양계에서 가장 가까운 항성으로 알려져 있는 프록시마 켄타우리까지의 거리는 약 4.22광년. 이것은 약 1.30파섹이 됩니다.

데시텍스

앞으로 주류가 될(?) 실의 굵기를 나타내는 단위

D
읽는 법 : 데닐 denier
재는 것 : 면밀도(綿密度) 섬도(纖度), 실의 두께
정의 : 9000m 당 1g인 실의 두께

tex
읽는 법 : 텍스
재는 것 : 면밀도, 섬도, 실의 두께
정의 : 1000m당 1g인 실의 두께

◆번수(番手)가 클수록 실은 가늘다!

실의 두께를 나타내고 싶다. 하지만 실은 가늘고 흐늘흐늘하기 때문에 두께를 직접 재는 것은 어렵습니다. 그래서 실의 질량과 길이를 사용해서 두께를 나타내는 두 개의 방법이 고안되었습니다. 실의 질량을 기준으로 하는「항중식」과 길이를 기준으로 하는「항장식」입니다.

항중식으로 쓰이는 단위에는「번수」가 일반적입니다. 섬유의 재질에 따라 기준이 되는 질량이나 길이가 달라져 나라에 따른 차이도 겹쳐져 많은 번수가 존재합니다. 예를 들면 양모의 경우 1kg의 실의 길이가 1km라면 1번수, 2km라면 2번수가 됩니다. 다시 말해 번수의 수가 크면 클수록 실은 가늘어집니다. 슈트라면 60~80번수 정도의 실이 쓰입니다.

◆데닐에서 데시텍스로

항장식의 단위에는 데닐[D]이 유명합니다.

데닐에서는 9,000m 길이의 실을 기준으로 합니다. 이것이 50g이라면 50데닐입니다. 이쪽은 수치가 클수록 실은 두꺼워 집니다——그

데닐 측정

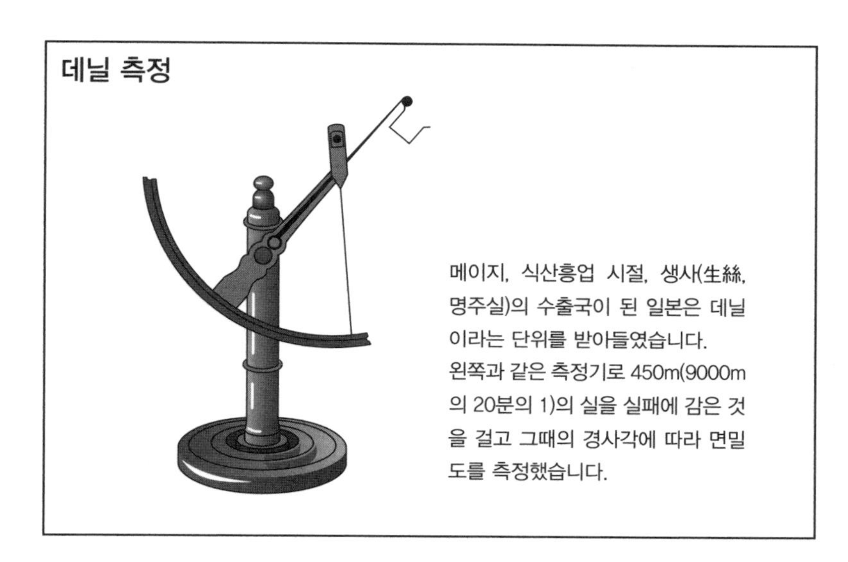

메이지, 식산흥업 시절, 생사(生絲, 명주실)의 수출국이 된 일본은 데닐이라는 단위를 받아들였습니다. 왼쪽과 같은 측정기로 450m(9000m의 20분의 1)의 실을 실패에 감은 것을 걸고 그때의 경사각에 따라 면밀도를 측정했습니다.

런 건 여성이라면 분명 아실 것입니다. 스타킹과 타이츠의 경계선은 30~40데닐 사이라고 합니다.

단, 9,000m가 기준이기 때문에 다른 10진법을 이용한 단위와의 상성이 좋지 않습니다. 그래서 국제표준규격에 맞추는 형태로 1999년부터 데시텍스[dtex]라는 단위로 바뀌게 되었습니다. 데닐의 정의인 9,000m를 10,000m로 바꾼 것이 데시텍스[dtex]입니다. [dtex]는 [tex]에 10분의 1을 표시하는 접두사 데시[d]를 붙인 것입니다. 단, 일반인에게 충분히 알려지지 않았기 때문에 한동안은 데닐로도 표시가 이어질 것이라고 생각합니다.

포인트

활자의 크기를 나타내는 단위

pt 읽는 법 : 포인트 point 재는 것 : 길이(활자의)
정의 : (1/72)인치(≒0.3527mm)

Q 읽는 법 : 큐[급] 재는 것 : 길이(활자의)
정의 : (1/4)mm(=0.25mm)
비고 : 사진식자기에 따른 인쇄의 문자의 크기의 단위

◆활자 크기 단위는 [포인트]

해를 먹어갈수록 작은 글자를 읽기 어려워집니다. 제 경우 6포인트라면 힘듭니다. 안경이 필요해집니다.

「포인트」는 주로 활자의 크기(한 변의 길이)를 나타내는 데 쓰이는 길이의 단위입니다.

단위기호로는 [pt]가 쓰입니다.

1포인트의 길이는 72분의 1인치. 약 0.353mm입니다.

◆Q는 4분의 1을 의미

사진식자기의 경우, 문자 사이즈는「급」으로 표시됩니다. 단위기호는 [Q], 혹은 [급]. Q는 영어의 quarter(4분의 1)의 의미로 1Q는 4분의 1mm(0.25mm)입니다. 그렇다면 4급이면 딱 1mm. 20급이면 5mm의 크기의 문자라는 뜻입니다.

급은 미터법이 사용되기 때문에 계산이 쉽고 다루기도 쉽습니다만 많은 워드 프로세서에서는 문자 사이즈의 단위에 포인트가 사용되고 있습니다. 항공업계와 같은 사정이 있으리라 생각됩니다(P.33).

「루비를 흔들다」란?	…15포인트
어려운 한자에 후리가나를 단다	…12포인트
는 것을 「루비를 흔들다」라고 합니다.	…11포인트
이것은 「루비—ruby」를 말합니다.	…10.5포인트
구미에서는 활자의 크기를 펄이나 다	…10포인트
이아몬드, 에메랄드 같은 보석명으로 부릅	…9포인트
니다. 「루비」는 옛날 일본에서 후리가나용으로 만든	…8포인트
활자 사이즈가 영국의 고활자 「루비」(5.5포	…7포인트
인트 활자)에 가까운 데에서 유래했습니다.	…5.5포인트

그런데 문서작성 소프트웨어 Word의 초기 설정에서는 문자의 크기가 10.5포인트로 되어 있습니다. 이것은 일본에서 활자의 크기를 [호수]라고 하는 단위로 표시했던 무렵 공문서에 자주 사용되었던 활자의 크기가 5호(10.5포인트에 해당)이었던 데에서 유래되었습니다. 호수는 이미 폐지되었습니다만 이런 곳에 살아남아있었군요(역주 : 한국은 아직도 사용 중이며 한국의 Word는 10포인트가 기본).

참고 단위를 쓸 때의 주의사항

우리들은 매일 단위를 사용하고 있어도 그 쓰는 법의 룰을 자세히 알고 있는 사람은 거의 없습니다. 대표적인 룰을 소개하겠습니다.

단위기호는 이텔릭이 아니라 정자로 써야 합니다.

× *3cm*　　○ 3cm

수치와 단위기호는 띄워 씁니다.

× 50킬로그램　　○ 50 킬로그램

※예외로, 평면각의 도, 분, 초(°, ′, ″)는 수치 뒤에 붙여서 표현한다.

(편집자주 : 한국에서는 수치와 단위기호를 붙이는 것이 허용된다. 그에 따라 본서에서는 수치와 단위기호를 붙여서 표기하였다.)

접두사는 두 개 겹치지 않는다.

× 1kkg　　○ 1t

인물 명에서 유래된 단위기호는 대문자로 시작합니다.

× 60pa　　○ 60Pa

※단, 부피의 단위 리터에 대해서는 숫자 「1」과 혼동되는 것을 피하기 위해서 소문자 「l」과 함께 대문자 「L」도 단위기

호로 사용할 것을 1979년에 인정했습니다.

한편, 전기저항의 단위 옴은 독일의 물리학자 옴(Ohm)에서 유래했기 때문에 원래대로라면 단위기호는 머리글자를 따서 [O]가 되어야 합니다. 그러나 이렇게 되면 숫자 0과 헷갈리기 때문에 지금까지 관습에서 예외적으로 오메가 [Ω]를 사용하고 있습니다.

소문자와 대문자에 신경을 써야 하는 경우.

m……미터

M……접두사「메가」

× 50Kg　○ 50kg

× 60HZ　○ 60Hz

전기저항은 물리학자 옴에서 유래했습니다.
하지만「O」로 표기하면 숫자 0과
헷갈리기 때문에「Ω」를 사용합니다.

조수사 1　무엇을 세고 있는가?

◆3개의 책

「저는 책을 3개 샀습니다.」

으~음 어딘가 이상하다.

책을「3개」라고 세는 데서 위화감이 느껴지는군요.

「세 권」이라면 말끔해 질 것 같네요.

그러나 이것이 영어였다면……

I bought three books.

이 문장에서는「~개」나「~권」에 해당하는 단어가 등장하지 않습니다. 그런 단어가 없더라도 상대에게는 통합니다.

◆조수사란?

개, 권, 마리, 장, 명……등등은 숫자의 뒤에 붙어서 어떤 물건을 세고 있는 지를 표시하기 위한 말로「조수사」라고 불립니다. 일본어, 중국어, 한국어 같은 동아시아의 많은 언어나 아프리카 선주민의 언어에서 볼 수 있습니다.

조수사는「단위」는 아닙니다.「단위」는 길이나 질량 같이 정수로 셀 수 없는 것, 세는 것이 곤란한 것에 대해서 사용합니다.

제2장

면적 · 부피 등

납세라는 행위가 시작된 이래로
곡물 같은 것을 재는 되를 위정자는 통일하려고 했다.
단 그것도 문명 간에 차이가 나서 불편했기 때문에
SI단위인 미터를 제곱, 3제곱 한「조립단위」가
채용되었습니다.

제곱미터

조립해서 만들어진 면적의 단위

m^2	읽는 법 : 제곱미터 square metre 재는 것 : 면적 정의 : 한 변의 길이가 1m인 정사각형의 면적

a	읽는 법 : 아르 are 재는 것 : 면적 정의 : 한 변이 10m인 정사각형의 면적 비고 : 1ha = 100a

◆「조립단위」란?

제곱미터 [m^2]와 아르 [a]는 함께 잘 알려진 면적의 단위입니다. 그러나 그 성립에는 상당한 차이가 있습니다. 국제단위계의 면적 단위는 제곱미터[m^2] 쪽입니다.

우선 제곱미터부터 보겠습니다. 이 단위는 일본에서는 초등학교 4학년 때 처음 등장합니다 (역주 : 한국에서는 초등학교 3학년). 아이들은 여기서 처음으로「조립단위」라는 것을 학습합니다. 예를 들면 가로 3m, 세로 4m의 직사각형의 면적을 구해 봅시다.

$$3m \times 4m = 12m^2$$

계산 자체는 아무것도 아닙니다. 그러면 여기서 면적을 빼고 단위에만 주목해 봅시다.

$$[m] \times [m] = [m^2]$$

길이의 단위에서 면적의 단위가 조립되어 나오는 모습이 보이실 것입니다. 제곱미터[m^2]라는 단위는 어디서 툭 튀어나온 것이 아니라 미터[m]와 미터[m]의 곱셈으로 조립된 것입니다.

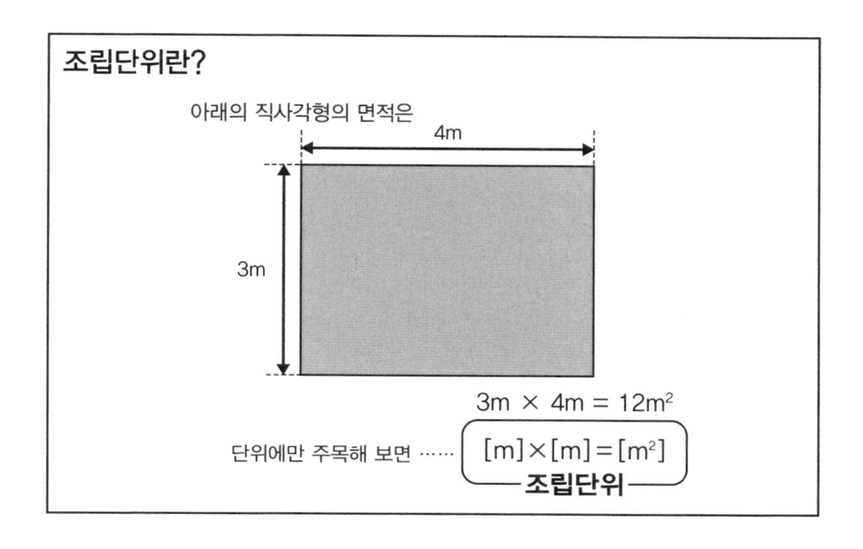

◆[m²]의 작은 2의 의미는?

1제곱미터 [m²]는「한 변의 길이가 1m인 정사각형의 면적」으로 정의되어 있습니다. 마찬가지로 제곱킬로미터 [km²]나 제곱센티미터[cm²]도 정의할 수 있습니다.

$$[km] \times [km] = [km^2]$$

「그렇구나! [km]를 두 번 곱하면 제곱을 나타내는 작은 2가 붙는 구나!」

그렇습니다. 중학교에서 이 이야기를 하면「그런 것이었구나! 처음 들었다」고 감동하는 학생이 많이 있습니다.

안타깝게도 초등학교에서는 면적의 단위에 대해서는 가르쳐 주지만 이「작은 2」에 대해서는 깊이 들어가지 않습니다. 많은 어린이들은「단위를 조립하고 있다」고 하는 의식이나「알고 있는 단위를 사용해서 새로운 단위를 만든다」고 하는 인식을 갖지 못한 채 어른이 되고 마는 지도 모릅니다.

◆아르는 조립단위가 아니다!

일본의 문화를 그리 알지 못하는 외국 사람에게 「일본에는 『평』이라는 면적의 단위가 있습니다」라고 하면 그 면적을 상상하는 것은 어렵습니다. 그렇지만,. 조립단위인 [cm^2]라면 단위를 보면 대강 상상이 가능합니다. 이것이 SI단위의 장점입니다.

한편, 아르[a]라는 면적의 단위에는 제곱을 나타내는 지수※인 2가 없습니다. 아르는 조립된 단위가 아니기 때문입니다. 감각적으로 일본의 「평」에 가깝습니다.

1아르의 정의는 「10m×10m인 정사각형의 면적」. 다시 말해 100m^2입니다. 「아르」라고 하는 명칭은 「면적」을 의미하는 라틴어 area에서 유래했습니다.

아르의 100배가 헥타르[ha]입니다. h(헥타)는 100배를 나타내는 접두사입니다.

[m^2]와 [km^2] 사이를 메우는 [a], [ha]

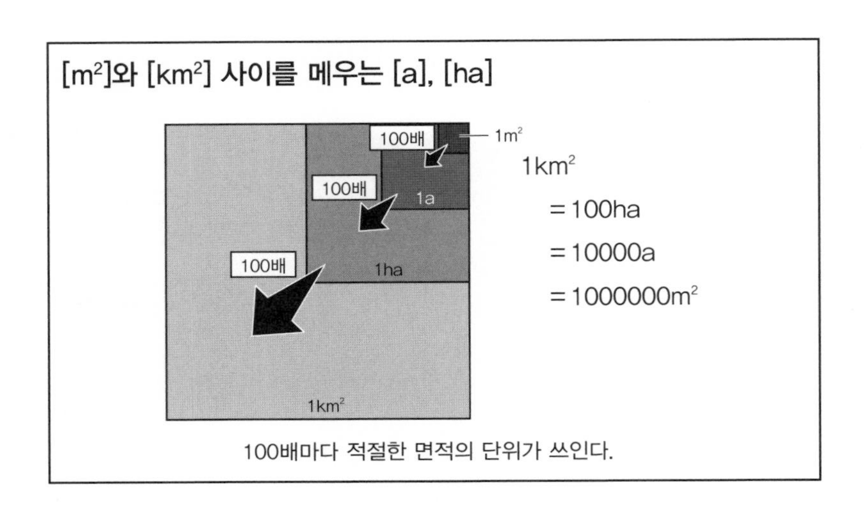

100배마다 적절한 면적의 단위가 쓰인다.

◆감사합니다. 아르, 헥타르!

아르도 헥타르도 국제단위계 SI의 단위는 아닙니다. 그러나 땅의 면적 같은 것을 나타낼 때 사용하기가 대단히 편리하기 때문에 국제 도량형 위원회(CIPM)는 잠정적으로 병용하여도 좋다고 하고 있습니다.

어차피 SI단위인 [m^2]와 [km^2]의 사이에는 100만배나 되는 차가 있습니다. 낮게 취급받는 [a]와 [ha]입니다만 사이를 메워주기 때문에 감사할 따름입니다.

$1m^2$	……한 변이 1m인	정사각형의 면적
1a	……한 변이 10m인	정사각형의 면적
1ha	……한 변이 100m인	정사각형의 면적
$1km^2$	……한 변이 1km인	정사각형의 면적

평

약 다다미 2장분의 면적

坪·步
읽는 법 : 평 · 보　재는 것 : 면적
정의 : 한 변이 6척인 정사각형의 면적
비고 : 약 3.3057851m²

ac
읽는 법 : 에이커 acre　재는 것 : 면적
정의 : 4로드×40로드의 땅의 면적
비고 : 약 4046.86m²(국제 피트의 경우)

◆조립하지 않은 면적의 단위

조립단위가 아닌 면적의 단위의 예로 척관법※의 단위「평 · 보」와 야드 · 파운드법※의 단위「에이커」를 소개하겠습니다.

「평(보)」는 약 다다미 2장의 면적입니다. 면적의 이야기를 하자면 [m²]보다 평(보) 쪽이 알기 쉽다고 느끼는 분도 많이 있을 것입니다. 일반적으로 [보]는 논밭임야 등의 면적에 [평]은 가옥이나 부지의 면적을 표시하는데 쓰입니다.

실은 [보]라는 길이의 단위도 있습니다. 이것은 2보 분량의 보폭을 보폭을 1로 한 단위입니다. 파수스(P.37)와 동일합니다. 이 1보의 길이를 한 변으로 하는 정사각형의 면적을「1보」로 부릅니다. 이것이 평(보)의 시작입니다.

현재는 평(보)는「한 변이 6척[=1간(間), 약 1.8m]의 정사각형의 면

1평(보)	———	약 3.3m²	———
1묘(畝)	30평(보)	약 99.174m²	약 1a
1단(段)(반(反))	10묘	약 991.74m²	약 10a
1정(町)	10단	약 9917.4m²	약 1ha

적」으로 정의되어 있습니다. 1평은 약 3.3m²입니다.

◆소의 능력에서 생겨난 단위

한편 에이커[ac]는「두 마리의 수소의 목을 엮어 쟁기를 끼워 하루 동안 갈 수 있는 면적」에서 유래했습니다.「에이커」란 그리스어로「경목(소의 목에 끼우는 나무틀)」이라는 의미입니다.

당연히 이런 유니크한 정의로는 땅의 형상, 경사, 굳기 등의 요인에 따라 같은 1에이커라도 면적이 달라집니다. 그러나 이것은 이것대로 편리했습니다. 예를 들면 같은 3에이커라면 두 개의 땅의 형상이 다르더라도 작업에 쓰이는 시간은 같아(수소 2마리로 3일간)집니다. 현재의 에이커는 왼쪽 위의 처음에 나온 형태로 정의되어 있습니다. 이것은 한 변이 약 63m인 정사각형의 면적에 해당합니다.

2마리의 소가 하루 동안 경작하는 넓이

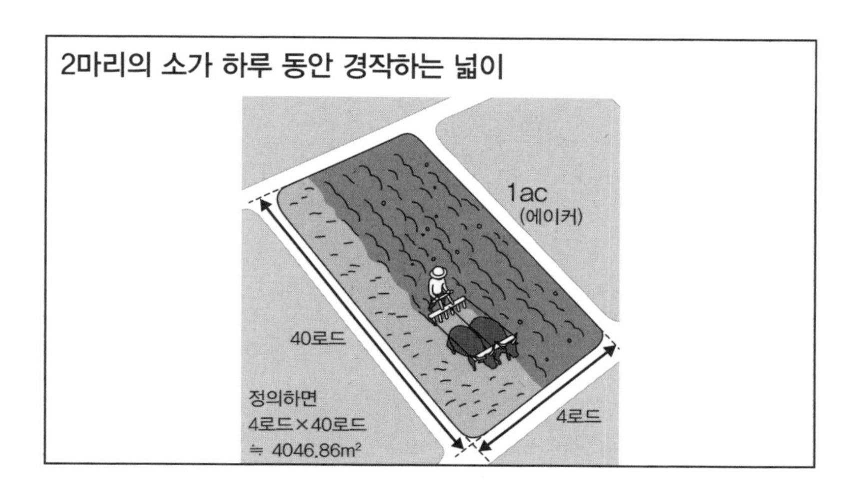

세제곱미터

1m × 1m × 1m의 정육면체

m^3	읽는 법 : 세제곱미터 cubic meter 재는 것 : 부피 정의 : 변의 길이가 1m인 정육면체의 부피

cc	읽는 법 : 시시 cubic centimeter 재는 것 : 부피 정의 : 한 변의 길이가 1cm인 정육면체의 부피

◆[cc]를 발견했습니다!

우리 집에 있는 주방용품을 조사했습니다.

작은 스푼…………5cc

큰 스푼 ………… 15cc

계량 컵 …………200cc

1cc = 1mL = $1cm^3$라는 것은 잘 알려져 있습니다만, 그럼 [cc]란 대체 무엇일까요?

이것은 cubic centimeter 의 각각의 단어의 머리글자를 따온 것입니다. cubic에는「세제곱의, 정육면체의」라는 뜻이 있습니다.

[cc]는 1cm × 1cm × 1cm의 정육면체의 부피, 다시말해「세제곱센티미터」의 다른 표기라고 할 수 있습니다.

우리 집에서는 [cc]를 발견 할 수 있었습니다만, 계량법에서는 [cc]보다 [cm^3]를 쓰는 것이 바람직할 것입니다.

◆$1m^3$의 공기의 질량은?

국제단위계 SI의 부피의 단위는 세제곱미터[$1m^3$]입니다. $1m^3$는

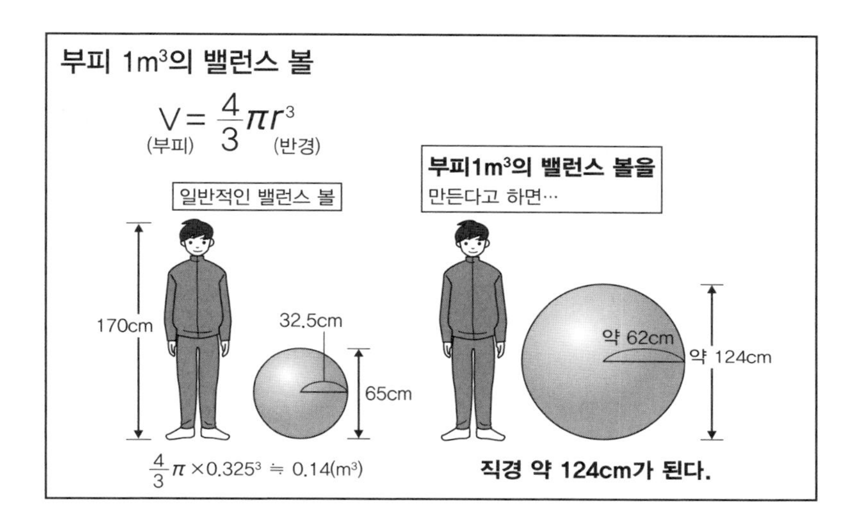

1m × 1m × 1m의 정육면체의 부피입니다. 제곱미터[m^2]때와 마찬가지로 [m^3]의 우측 상단의 3은 세제곱을 의미합니다.

우리들이 일상에서 사용하기에는 [m^3]은 좀 큰 단위일지도 모릅니다. SI병용단위이기도 한, 리터[L] 쪽이 다루기도 쉽고 사용빈도도 높다고 생각합니다. 참고로 $1m^3$ = 1000L입니다.

$1m^3$의 물의 질량은 거의 1t(톤)입니다. 학교에서는 1t으로 배웠을지도 모르겠습니다만, 엄밀히는 1t보다 조금 작은 값이 됩니다.

공기에도 질량은 있습니다. 건조한 공기 $1m^3$의 질량은 0℃, 1기압 (P.142)일 때 약 1.3kg입니다. 꽤 무게가 나가는군요.

리터

우리 주변에 있지만 국제단위계는 아니다

L
읽는 법 : 리터 liter
재는 것 : 부피
정의 : $1dm^3$ 비고 : 세제곱미터의 1000분의 1

◆필기체로 된 ℓ는 안 됩니다!

저는 아주 최근까지 리터의 단위기호를 쓸 때에는 필기체로 된 ℓ를 사용했습니다. 초등학교 때 그렇게 배운 기억이 있었기 때문입니다. 그러나 이것은 놀랍게도 국제적으로 인정받지 못합니다.

또한 단위기호는「이텔릭체」가 아니라「정자체」로 써야 한다는 룰이 있습니다(P.050). 그러나 소문자「엘」을 정자로 쓴 [l]. 이것은 숫자 1과 똑같이 생겼습니다. 필기체 ℓ을 사용한데에는 그 나름의 이유가 있었던 것입니다.

숫자 1과의 혼동을 피하기 위해 1979년의 국제도량형총회에서 대문자 [L]의 사용을 인정하였습니다.

◆1dm × 1dm × 1dm의 정육면체의 부피

1L가 어느 정도의 양인지는 모두들 잘 알고 계실 것입니다. 종이 팩에 든 1L의 우유나 주스가 팔리고 있으니까요. 차나 스포츠 드링크 등은 2L들이 패트병도 종종 볼 수 있습니다.

1795년, 프랑스에서 리터법이 제정되었을 당시의 1L의 정의는「1dm × 1dm × 1dm의 정육면체의 부피」였습니다. 데시미터[dm]이라는 단위는 그다지 볼 수 없습니다만, 1dm = 10cm 입니다. 다시

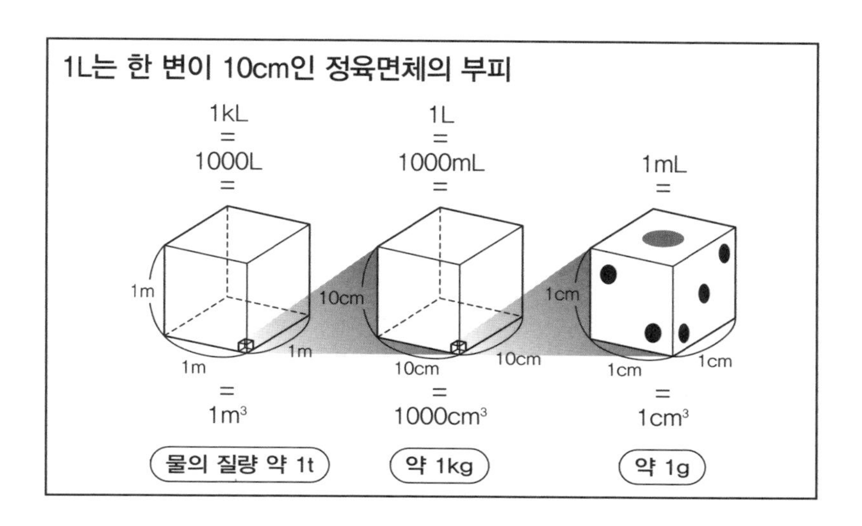

말해 1L는 10cm × 10cm × 10cm인 정육면체의 부피가 됩니다. 이것은 1000cm^{3}이기 때문에 현행의 1L와 완전히 동일한 부피입니다.

실은 1901~1964년까지의「리터」의 정의는「1기압의 압력에서 최대의 밀도를 얻을 수 있는 온도에서의 1kg의 물의 부피」였습니다. 그러나 물의 밀도에 대한 측정조건을 갖추는 것이 굉장히 어려웠고 본래의 정의로 되돌아갔습니다.

또한 리터는 국제단위계의 단위는 아닙니다. 병용하는 것은 인정받고 있습니다.

되

한 됫병이라는 말로 익숙한 부피의 단위

升
읽는 법 : 되(승)
재는 것 : 부피
정의 : 1.8039L　비고 : 한 되(중국) = 1L

◆양손으로 뜬 정도의 양

저는 한 되라고 하면 일본주 한됫병을 떠올리고 맙니다. 그 병에는 1.8리터의 일본주가 담겨 있습니다. 쌀이 한 되 단위로 팔리던 풍경은 볼 수 없게 되었습니다만 일본주는 아직 한 되 사이즈가 건재합니다(편집자주 : 한국도 1.8리터 용량의 전통주가 있다).

체적의 단위「되」는 애초에 양손으로 뜬 만큼의 분량이었습니다. 그러나 이것도 시대의 흐름에 따라 점점 커지고 말았습니다.

◆도요토미 히데요시가 되를 통일

도요토미 히데요시는「쿄우마스(京枡 : 경되)」라고 불리는 전국 공통의 되를 도입한 것으로 알려져 있습니다. 이 되는 사방 5촌으로 되어 깊이 2촌 5분으로 된 사이즈로, 용적은 62500세제곱 분(1.74리터)였습니다(편집자주 : 한국은 삼국시대부터 사용).

1669(寛文 9)년, 에도막부는 이 쿄우마스를 폐지하여「신 쿄우마스(新京枡 : 신경되)」를 채용할 것을 명했습니다. 신 쿄우마스의 사이즈는 사방 4촌 9분으로, 깊이 2촌 7분으로 이전의 쿄우마스에 비해 부피가 3.7% 증가하였습니다.

「종횡을 1분씩 줄인 만큼 깊이를 2분 늘렸기 때문에 똑같겠지」같은

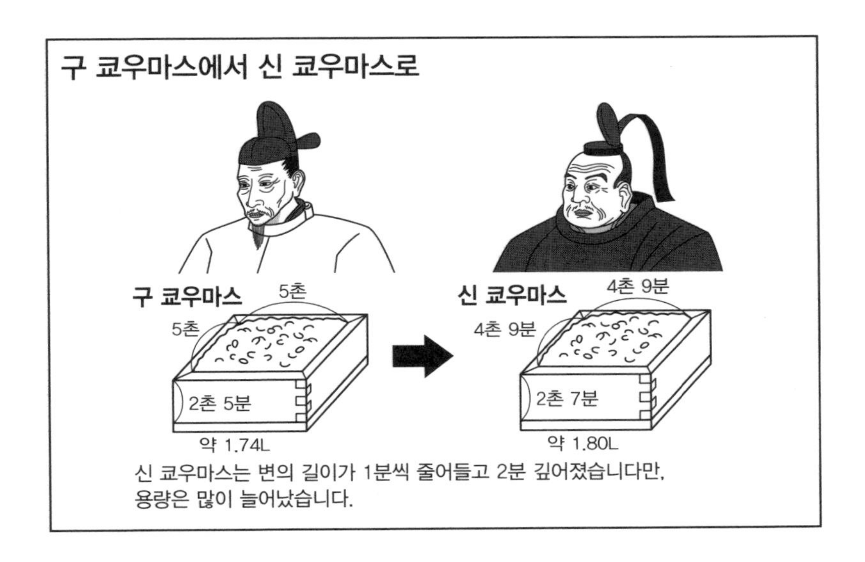

말로 농민을 속이려고 했다는 설도 있습니다.

◆무샤후나?

신 쿄우마스의 부피는 64827세제곱 분이 됩니다. 당시의 사람은「무샤후나(武者鮒 : 무사 붕어)」나「무시야후나(虫や鮒, 벌레나 붕어)」라는 말로 외웠다고 합니다(역주 : 64827은 일본어로, 무, 시, 야, 후미, 나나로도 읽을 수 있다).

결국, 이 신 쿄우마스의 사이즈가 현재 한 되입니다. 미터법으로 환산하면 사방 약 14.8cm, 깊이 약 8.2cm이기 때문에 부피는 1.8039리터 정도가 됩니다.

한 됫박을 볼 기회는 적어지고 있습니다. 발견했을 때는 부디 그 안쪽의 치수를 재어 보시기 바랍니다.

홉, 작

주방에서 자주 보이는 단위

合	읽는 법 : 홉 재는 것 : 부피 정의 : (1/10)되　비고 : 1홉 ≒ 180.39mL

勺	읽는 법 : 작 재는 것 : 부피 정의 : (1/10)홉　비고 : 1작 ≒ 18.039mL

◆그래서 「홉」인 건가!

여기서는 되의 분량단위인 「홉」과 「작」을 소개하도록 하겠습니다. 홉은 되의 10분의 1로 또한 작은 홉의 10분의 1이라는 관계가 있습니다.

1되 = 10홉 = 100작 ≒ 1803.9mL

1홉 = 10작 ≒ 180.39mL

1작 ≒ 18.039mL

중국의 한나라시대, 어느 특정한 음을 내는 「황동관」이라는 피리가 있었습니다. 이 피리의 길이를 「길이」의 기준 그 피리에 채울 수 있는 기장의 양을 「부피」와 「질량」의 기준으로 했다고 합니다.

나아가 이 피리를 채운 물의 양의 2배가 「홉」이 됩니다. 처음 물을 채우고 두 번째 물을 채우는 것을 「합(合)한다고」하여 「홉(合)」입니다. 이때의 홉은 되와 상관이 없었습니다만, 이후에 관계가 생겨 홉은 되의 10분의 1이 되었습니다.

거기서 「홉(合)」자체에 「10분의 1」이라고 하는 의미가 부여되었습니다. 등산로에서 산 정상까지의 길을 「10合」으로 나누어 표시하는 경우도 있습니다.

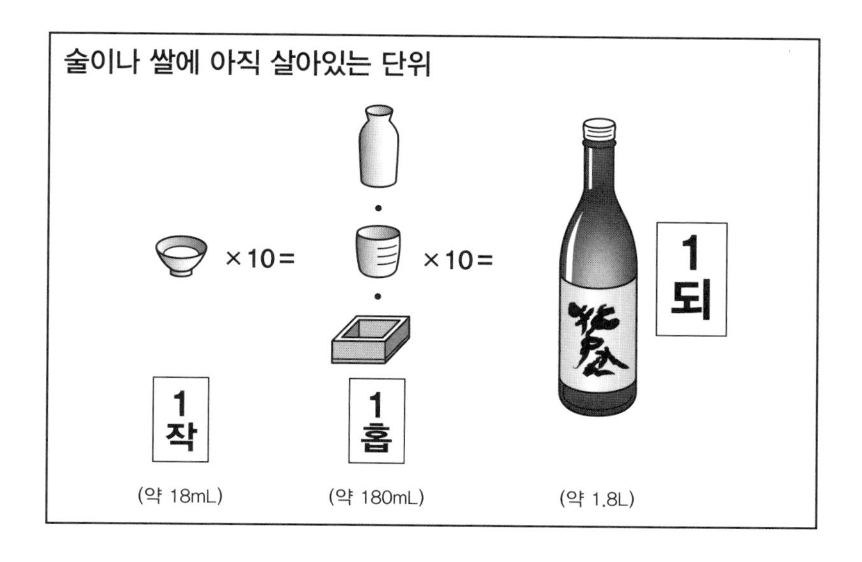

◆만작(晩酌 : 저녁에 술을 마심)을 해볼까요?

저희 집의 전기밥솥의 사이즈는 5홉입니다. 밥솥에는 아직도 「홉」을 의식한 눈금이 그려져 있습니다. 쌀을 잴 때는 한 홉짜리 컵을 사용합니다. 부엌에서 「홉」은 아직 건재합니다. 저녁식사 전에 한잔 드시는 술(만작 : 晩酌)을 좋아하시는 분도 계실 것입니다. 자주 보이는 「만작(晩酌)」의 「작(酌)」이라는 한자에 「작(勺)」이라는 한자가 포함되어 있습니다. 1작은 약 18밀리리터입니다. 따라서 초코(猪口 : 일본주나 양념을 담기위한 작은 잔)로 한 잔(30밀리리터 정도)됩니다. 「만작은 적당히」하라는 뜻일까요?

말, 섬

우리 주변에서 사라져가고 있는 단위

斗	읽는 법 : 말(두) 재는 것 : 부피 정의 : 10되 비고 : 1말 ≒ 18.039L

石	읽는 법 : 섬(석) 재는 것 : 부피 정의 : 10말 비고 : 1섬 ≒ 180.39L

◆어른이 1년간 소비하는 쌀의 양

이어서 되의 배량단위인「말」과「섬」을 소개하도록 하겠습니다.

말은 되의 10배이며 섬은 말의 10배입니다.

1되 ≒ 1.8039L

1말 = 10되 ≒ 18.039L

1섬 = 10말 = 100되 ≒ 180.39L

어른이 한 끼로 먹는 쌀의 양이 대강 한 홉 정도라고 합니다. 이 계산이라면 어른이 일 년간 소비하는 쌀의 양은 거의 한 섬이 됩니다.

에도시대에는 번사의 급여를 쌀로 지불하였기 때문에 석고는 번의 세력을 나타내는 하나의 지표가 되었습니다. 그러나 지금은 거의 들을 수 없는 단위입니다.

◆한 말 깡통과 쌀가마

「한 말 통」이나「한 말 깡통」과 같은 용기를 알고 계십니까?「말」이라는 단위도 저희들의 주변에서는 사라져가고 있습니다. 이전부터 등유의 보관에 한 말 깡통(정식 명칭은「18리터 들이 캔」)을 사용하고 있었

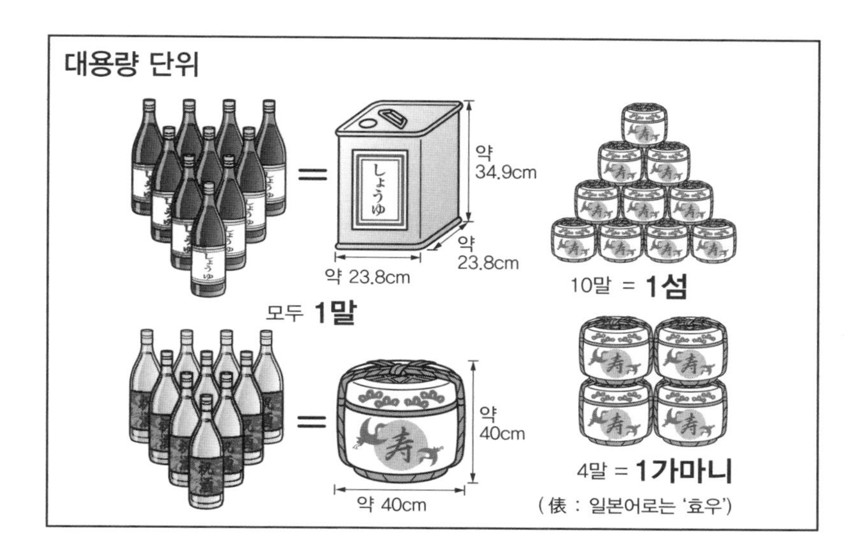

습니다만 최근 플라스틱 통이 주류가 되었습니다. 다만 업무용 페인트나 용제 등은 아직 자주 한 말 깡통으로 팔리고 있습니다.

쌀을 재는 단위로「가마니, 俵 : 효우」가 있습니다. 한 가마는 노동자 한 사람이 운반할 수 있는 양으로 보고 메이지 말기에 한 가마니는 4말로 통일되었습니다. 이것은 질량으로 따지자면 약 60kg입니다. 1951년 계량법에서는 쌀 1가마니는 질량으로 정의되게 되었습니다. 쌀 한 가마는 60kg입니다(역주 : 한국의 1가마니는 80kg).

갤런

사용하고 있는지도 모르는 부피의 단위

Gal 읽는 법 : 갤런 gallon 재는 것 : 부피
정의 : 3.785412L
비고 : 일본의 계량법에서 사용되고 있는 것은 미국 갤런

◆와인 병의 용량은……?

우리에게는 그다지 익숙하지 않습니다만, 갤런[gal]이라는 부피의 단위가 있습니다. 라틴어로「물이 든 양동이」를 의미하는 galleta가 그 어원입니다. 나라 · 지역 · 시기에 따라 또 와인 · 맥주 · 곡물 같은 용도에 따라 달라지는 갤런이기에 우리들에게는 상당히 귀찮게 느껴지는 단위입니다.

예를 들면 영국이나 캐나다에서 쓰이는 영국 갤런은 1갤런 약 4.546리터, 미국의 갤런(미국 갤런)은 약 3.785리터입니다. 이렇게 어정쩡한 수치가 되는 것은 야드 · 파운드 법※의 단위 갤런을 미터법으로 나타냈기 때문입니다.

우리들의 주변에서 갤런을 사용한다고 한다면 와인병일 것입니다. 와인 병의 크기는 상상이 가시죠?

일반적으로 판매되는 와인 병 중에 대용량은 750mL입니다. 이것은 대강 영국 갤런의 6분의 1, 미국 갤런의 5분의 1에 해당합니다. 그래도 충분히 귀찮은 사용법입니다만…….

◆1갤런의 물

미국에서는 갤런 단위로 물이나 휘발유를 팔고 있습니다. 그러나 우

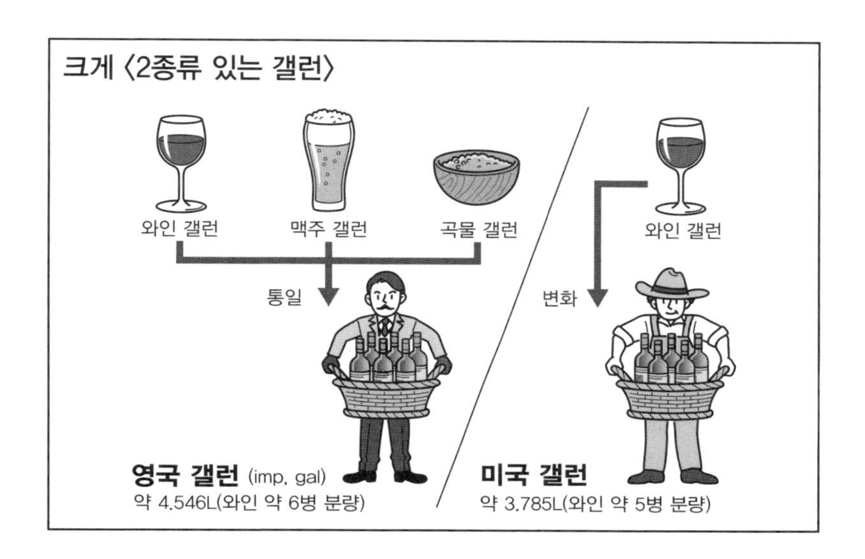

유나 주스는 1갤런이면 너무 많습니다. 그래서 4분의 1갤런이나 8분의 1갤런 등의 용량으로 팔리고 있습니다.

1쿼터(quart)……4분의 1갤런 946mL

1파인트(pint)……8분의 1갤런 473mL

오키나와 현은 한때 미군통치하에 있었습니다. 그 영향으로 지금도 물, 우유, 주스 등이 야드 · 파운드 법 단위로 팔릴 때가 있습니다. 단위를 좋아하신다면 체크합시다!

배럴

석유의 거래에 쓰이는 용량의 단위

bbl
읽는 법 : 배럴 barrel　재는 것 : 부피
정의 : 42gal(US) ≒ 158.987L
비고 : 위의 정의는 석유 등의 배럴

◆1배럴은 어느 정도의 양일까?

배럴 [bbl]이라는 야드 · 파운드 법의 부피의 단위가 있습니다. 원유나 석유제품의 거래에 자주 쓰입니다. 석유의 경우, 1배럴은 42갤런, 약 159리터입니다.

여기까지 읽은 단계에서 주유소 같은 곳에서 자주 보이는 드럼통을 떠올리신 분도 계실 것입니다. 그러나 그 드럼통의 사이즈는 1배럴이 아닙니다.

일반적인 드럼통의 직경 약 60cm, 높이는 약 90cm로「200리터 캔」이라고 불립니다. 드럼통 1통은 1배럴 보다 많은 양입니다.

참고로 우리 집 목욕탕의 욕조를 알아보았더니 180리터로 설정되어 있었습니다. 이것도 1배럴 보다는 많은 양입니다.

◆석유를 나무통에 넣어 운반하고 있다!

배럴[bbl]도 갤런[gal]도「나무통」을 의미하는 말에서 유래했습니다. 한때 석유를 술통에 담아 운반했던 역사가 있어 현재도 이 단위가 사용되고 있는 듯합니다.

표준 사이즈 술통에는 50갤런의 액체가 들어갑니다. 그런데 석유를 통에 담아 운반하면 도중에 새버리거나 증발해 버리기 때문에 목적지

복잡기괴한 배럴

미국에서는……,
액량 배럴 약 119L
맥주용 배럴 약 117L
곡물/야채 배럴 약 116L
영국에서는……,
맥주용 배럴 약 164L
밀가루용 배럴 196파운드
시멘트용 배럴 376파운드
——이렇게 혼란스러운 단위.
유일하게 석유의 경우에만 전세계 공통으로

1bbl ≒ 158.97L

로 정해져 있습니다.

참고 1일간 석유소비량

1	미국	1856 万
2	중국	1022 万
3	일본	471 万

BP세계 에너지 통계 2013년(단위 : bbl)

에 도착할 무렵에는 42갤런이 되버린다고 합니다. 그래서 1배럴은 42갤런이라는 어정쩡한 용량으로 설정되고 말았습니다.

배럴도 갤런과 마찬가지로 나라나 용도(와인 · 맥주 · 곡물 · 야채 등)에 따라 다종다양한 정의가 존재합니다. 밀가루나 시멘트에서는 배럴은 질량의 단위로도 사용됩니다.

여러 종류가 있는 배럴 중에 국제적으로 운용되고 있는 것은 석유배럴뿐입니다.

도, 분, 초

각의 크기를 나타내는 60진법의 단위

°	읽는 법 : 도 degree 재는 것 : 평면각 정의 : 원주를 360등분한 호의 중심에 대한 각도

◆ 원주를 360등분하라!

각의 크기를 나타내는 방법은 여러 가지 있습니다만 우리들은 [°]도라는 단위를 자주 사용합니다. 산수 수업에서는 4학년 교과서에 처음 등장하는 익숙한 단위입니다. 원주를 360등분한 호의 중심에 대한 각도가 1°(도)입니다. 아날로그시계에서는 긴 바늘은 1분에 5°, 짧은 바늘은 1시간에 30°씩 움직이도록 되어 있습니다.

그러면 어째서 360등분일까요?

지구는 태양주위를 약 365일에 걸쳐 돌고 있습니다. 따라서 천문관측을 할 때 원주를 360등분하는 것은 자연스러운 발상이었습니다. 또한 360이라는 수는 많은 약수를 갖고 있기 때문에 굉장히 편리한 수입니다.

◆ 1도보다 작은 각은 어떻게 나타내나?

1도보다 작은 각도를 나타낼 때는 분[′]이나 초[″]를 사용할 경우가 있습니다. 60분이 1도이며 60초가 1분입니다.

$$1^\circ = 60' \quad 1' = 60''$$

이러한 「60진법」은 기원전 3000년 무렵에 수메르인이 생각해낸 제도라고 합니다.

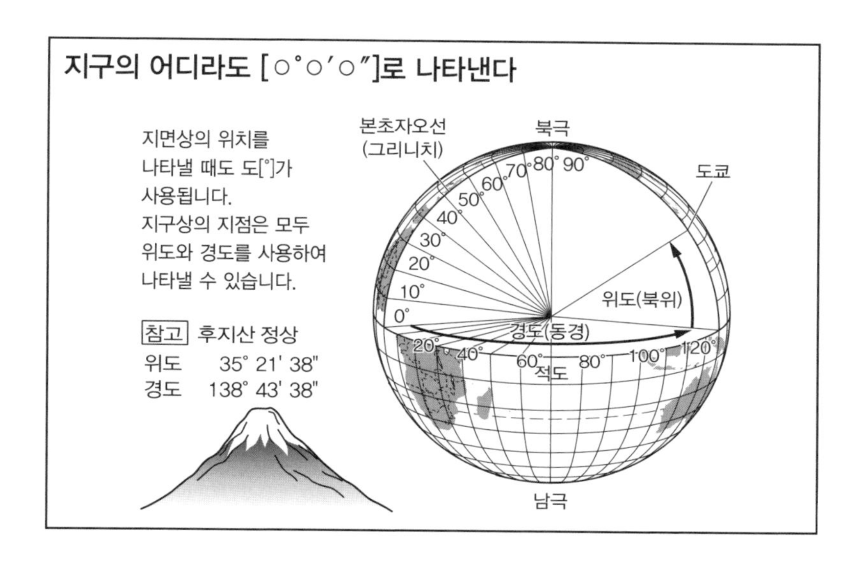

그러나 미터법은 10진법이 기본입니다. 60진법의 도와는 상성이 좋지 않습니다. 그런 일도 있어서 도[°]는 국제단위계 SI의 단위는 아닙니다. 단, 「SI병용단위」로 병용하는 것은 허가되어 있습니다.

원주를 같은 크기로 분할한 수를 400이나 6400으로 한 단위도 있습니다. 미터법의 도입기에는 각도에서도 10진법 체계를 목표로 하여 원주를 400분할(다시 말해 직각을 100분할)한 그레이드 grade[gr]이라는 단위를 도입하려고 하는 움직임이 있었습니다. 그러나 안타깝게도 보급되지는 못했습니다.

라디안

각의 크기를 나타내는 또 하나의 방법

rad	읽는 법 : 라디안 radian 재는 것 : 평면각 정의 : 원의 반지름과 같은 호에 대한 중심각

sr	읽는 법 : 스테라디안 steradian 재는 것 : 입체각 정의 : 구의 반경의 면적에 해당하는 면적의 구면상의 부분에 중심에 대한 입체각

◆반경 하나분의 원주에 대한 중심각

원형의 케이크의 원주에 끈을 감아봅니다. 그 끈에 같은 간격으로 눈금을 새겼다고 생각해 보십시오. 단, 반경의 차이에 따라 원주가 길어지기도 하고 짧아지기도 하기 때문에 그 원의 반경 자체에 길이를 사용한 눈금을 그렸다고 하겠습니다. 이렇게 하면 원의 대소에 관계없이 「반경 어느 정도」라는 방법으로 중심각을 표시할 수 있습니다(오른쪽 페이지의 그림 참조). 이 방법을 「호도법」이라고 부릅니다.

호도법에는 어느 부채꼴의 호의 길이가 그 부채꼴의 반경 한 개 분량에 해당할 때, 그 호에 대해 중심각을 1 라디안[rad]로 합니다. 예를 들면 반경이 10cm인 케이크라면 그 반경과 동일한 10cm의 호에 대해 중심각이 1라디안, 20cm의 호에 대해서 중심각이 2라디안입니다.

원(360°)은 2π라디안(약 6.28라디안)이기 때문에 1라디안의 크기는 약 57.2°가 됩니다.

◆수박을 잘라 봅시다!

접힌 우산, 펼쳐진 우산, 공사현장 부근에 자주 등장하는 원추형 「교

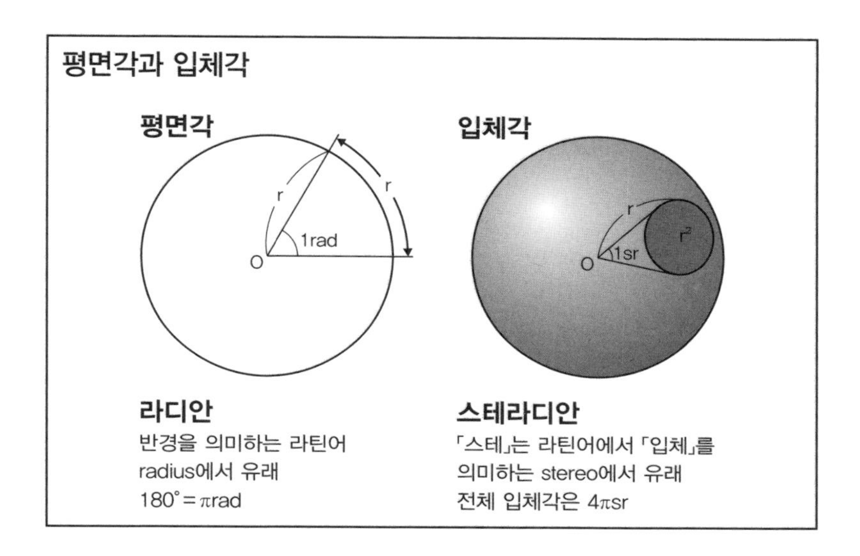

통 콘」 같은 것이 얼마나 「뾰족한지」를 표현하는 단위가 있습니다. 입체각의 단위 스테라디안[sr]입니다.

발상은 앞의 라디안과 같습니다. 반경이 r인 구형의 수박이 있다고 가정합니다. 반드시 구의 중심을 관통하도록 수박을 잘라봅시다. 수박의 구면의 면적이 딱 r^2일 때 그 원추형이 얼마나 뾰족한지(입체각)을 1스테라디안으로 합니다. 전입체각은 4π스테라디안입니다.

수박을 지구로 치면 위도 0°, 경도 90°, 적도의 3개의 평면으로 자르면 수박은 8등분 됩니다. 이때의 입체각은 0.5π스테라디안입니다.

참고 단위로 쓰이는 도쿄돔

도쿄돔 Tokyo Dome
재는 것 : 부피, 면적(예를 들 때의 단위)
정의 : 약 124만m^3의 부피, 약 46755m^2의 면적
비고 : 일본에서만 쓰이는 단위

◆부피의 단위로서의 「도쿄돔」

1년간 맥주 소비량을 「도쿄돔 ○개분」으로 표현하는 경우가 있습니다. 예~엣날에는 「카스미가세키 빌딩 몇 개 분량」이라는 표현도 자주 쓰였습니다만 최근에는 도쿄돔뿐입니다.

도쿄돔의 사이즈에 따르면 도쿄돔의 부피는 약 124만m^3(=약 124만 킬로리터)입니다. 재미있는 점으로 Google의 검색 박스에 「10000리터를 도쿄돔으로」라고 입력(역주 : 일본어로 검색할 때만 해당)하면 도쿄돔 몇 개분에 해당하는지 계산해 줍니다.

참고로 기린 식생활 문화 연구소의 조사에 따르면 2012년의 일본 맥주 소비량은 554.7만m^3로 이것은 도쿄돔 약 4.5개 분량입니다.

◆면적의 단위로서의 「도쿄돔」

「이곳은 도쿄돔 ○개 분량에 해당하는 넓이입니다!」

——와 같이, 면적을 나타내는데도 도쿄돔이 사용되곤 합니다.

도쿄돔의 면적은 약 46755m^2.여기서는 재미삼아 이 면적을 1도쿄돔[Td]라는 단위로 표현해 보도록 하겠습니다(아래의 표).

도쿄도의 면적은 약 46766Td. 이렇게 되면 수치가 너무 커서 큰일입니다. 그렇다면 이번에는 도쿄도의 면적을 단위로 한[Tokio](도키오)를 사용해 보겠습니다.

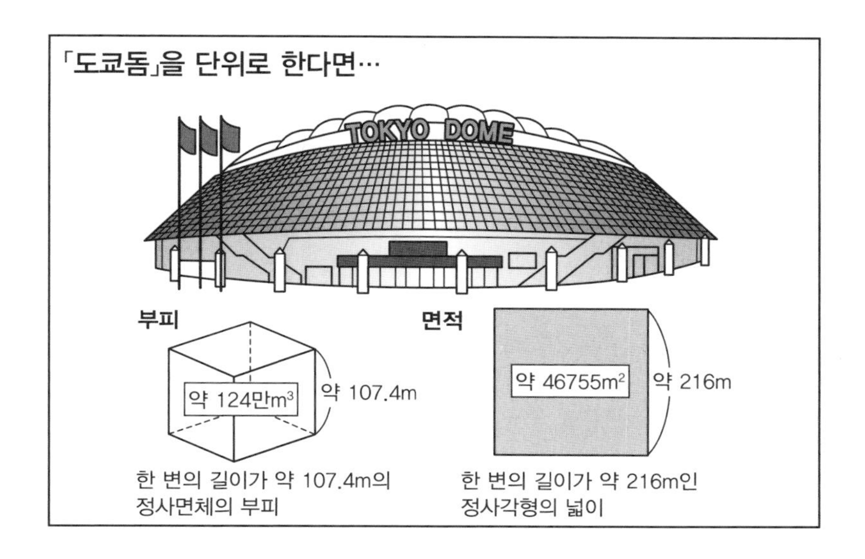

하지만 그런 일을 하면 [Td]와 [Toki]의 환산이 굉장히 복잡해집니다. 단위의 통계에 수미일관이 없으면 그런 사태가 일어나고 맙니다.

도쿄 디즈니랜드	510000m²	약 10.9Td
야마노테선의 안쪽	63km²	약 1346Td
도쿄 23구	622.99km²	약 13312Td
카가와현	1876.55km²	약 40097Td
도쿄도	2188.67km²	약 46766Td

참고 접두사

◆여러 접두사를 한 번에 소개!

앞의 리터 항목에서「거의 찾아볼 수 없는 단위」로 데시미터[dm]가 소개되었습니다.「데시」라고 하면 초등학교에서 배운 데시리터[dL]를 떠올리는 분이 있을 것입니다.

「데시d」는 10분의 1을 나타내는 접두사입니다. 다시 말해 10dL = 1L입니다.

해외에서는 센티리터[cL] 표기도 자주 보입니다. 길이의 단위인 센티미터[cm]가 자주 보이기 때문에 상상하기는 쉬울 것이라고 생각합니다만「센티c」는 100분의 1을 나타냅니다. 100cL = 1L가 됩니다. 500밀리리터[mL]의 페트병은 적당한 크기라 굉장히 편리합니다.「밀리m」는 1000분의 1을 나타냅니다. 500mL는 1L의 절반입니다.

여기까지 등장한 접두사를, 정리해 보겠습니다.

데시	d	**10분의 1**
센티	c	**100분의 1**
밀리	m	**1000분의 1**

그 외에도 100배를 나타내는「헥타h」, 1000배를 나타내는「킬로k」등, 국제단위계에서는 자주 쓰이는 접두사가 준비되어 있습니다. 우측 페이지에서 소개하겠습니다.

이들 접두사는 미터나 리터뿐 아니라 많은 단위에 붙일 수 있습니다. 최근에는「메가 M」나「기가 G」「테라 T」「마이크로 μ」나「나노 n」등

SI접두사

1 000 000 000 000 000 000 000 000	10^{24}[요타](Y)
1 000 000 000 000 000 000 000	10^{21}[제타](Z)
1 000 000 000 000 000 000	10^{18}[엑사](E)
1 000 000 000 000 000	10^{15}[페타](P)
1 000 000 000 000	10^{12}[테라](T)
1 000 000 000	10^{9}[기가](G)
1 000 000	10^{6}[메가](M)
1 000	10^{3}[킬로](K)
100	10^{2}[헥타](H)
10	10[데카](da)
1	
0.1	10^{-1}[데시](d)
0.01	10^{-2}[센티](c)
0.001	10^{-3}[밀리](m)
0.000 001	10^{-6}[마이크로](μ)
0.000 000 001	10^{-9}[나노](n)
0.000 000 000 001	10^{-12}[피코](p)
0.000 000 000 000 001	10^{-15}[펨토](f)
0.000 000 000 000 000 001	10^{-18}[아토](a)
0.000 000 000 000 000 000 001	10^{-21}[젭토](z)
0.000 000 000 000 000 000 000 001	10^{-24}[욕토](y)

을 자주 듣곤 합니다. 이러한 접두사를 사용하면 어쩐지 상급자처럼 보이지 않나요?

조수사 2　저것도 이것도 「사오(棹 : 짝)」?

◆양갱을 세는 법

먹기 쉽도록 잘라둔 양갱은 「한 조각, 두 조각」입니다만, 자르기 전의 상태의 양갱은 「한 사오(棹), 두 사오」로 셉니다. 수납장도 마찬가지로 「사오」로 헤아립니다. 「사오(일본 고유 단위)」란 무엇일까요?

반죽양갱은 팥 같은 것으로 만든 엿을 틀에 부어 한천으로 굳혀 만듭니다. 이 틀을 「후네, 舟」라고 불렀습니다. 굳은 양갱을 자르면 우리가 잘 알고 있는 막대모양이 됩니다. 「후네」와 관련된 「막대 모양의 물체」라……그렇습니다. 「사오, 棹」입니다(역주 : 가마나 물체 등을 메는 막대).

양갱이나 시루떡 같은 가늘고 긴 과자를 일반적으로 「막대과자, 棹物菓子」라고 합니다.

◆수납장을 세는 법

그러나 수납장은 후네에 들어있지 않습니다. 이것을 「사오」로 세는 이유는 그 운반법에 있습니다. 낡은 수납장이라면 수납장의 좌우에 금속으로 된 걸쇠가 있는 경우가 있습니다. 옛날에는 이 걸쇠를 이용해서 긴 막대를 걸고 한 사람 혹은 두 사람이 메고 운반했다고 합니다. 그래서 「사오」인 것입니다.

제3장

질량 등

현재 1kg은 프랑스에 보관되어 있는
「국제 킬로그램원기」의 질량이 기준입니다.
「물체」로 세계의 질량이 결정되는 것입니다.
이것은 항상성의 면에서 걱정이 되기 때문에
현재 흔들리지 않는 물리량을 사용한 정의를
모색하고 있습니다.

킬로그램

기본단위인데도 「킬로」가 붙는다

kg	읽는 법 : 킬로그램 kilogramme 재는 것 : 질량 정의 : 국제 킬로그램원기의 질량

t	읽는 법 : 톤 ton 재는 것 : 질량 정의 : 1000kg

◆접두사가 붙는 기본단위

킬로그램 [kg]은, 국제단위계 SI의 질량의 기본단위입니다. 정의는 간단합니다.

국제 킬로그램원기의 질량

일곱 개 있는 국제단위계 SI의 기본단위 중에서 「실제의 물체」를 사용해 정의하고 있는 것은 킬로그램뿐입니다. 참고로, 「그램」은 「작은 무게」라고 하는 의미의 그리스어에서 유래했습니다.

미터법을 만들 때 처음에는 질량의 기본단위로 「그램」이 채용될 예정이었습니다. 그러나 그래서는 너무나도 작아 다루기가 어려웠기 때문에 그 1000배인 킬로그램이 기본단위가 되었습니다. 국제단위계 SI의 기본단위 중에서 접두사가 붙는 것은 킬로그램뿐입니다.

따라서 현재의 1그램은 규칙에 엄격히 따르자면 1mkg(밀리킬로그램)이라고 표기해야 합니다. 그러나 실제로는 그렇게 복잡하게 표기하지는 않고 순수하게 1g이라고 표기하게 되었습니다.

이것이 국제 킬로그램원기!

원추형의 추. 직경, 높이는 약 39mm.
백금 90%, 이리듐 10%로 된 합금제.
황동으로 된 받침대 위에 수정으로 된 원반이 놓여 있고 그 위에 원기가 올라가 있고 거기에 기밀용기를 덮어 감싸고 있습니다.

사진은「킬로그램원기 1/2 레플리카」
(제공 : 무라카미 저울 제작소)

◆국제 킬로그램원기란?

그러면「국제 킬로그램원기」란 어떤 물건인가? 간단히 말하자면 위의 그림에 붙은 설명에 나와 있는「물체」입니다. 놀랍게도 1889년부터 지금까지 사용되고 있습니다.

이 원기가 세계의 질량의 기준이기 때문에 관리하는 사람의 책임은 막중합니다. 잘못 만지기라도 하면 큰일입니다. 조금이라도 상처나 나게 되면 세계의 킬로그램이 변하고 맙니다! 현재는 파리 교외의 세브르라고 하는 곳에서 국제도량형국이 엄중히 보관하고 있습니다.

이 원기와 동시기에 많은 원기가 제작되어 일본에는 No.6의 원기가 있습니다(역주 : 한국은 72번). 단, 일본의 원기는 실제보다 0.176밀리그램 무거운 모양입니다.

◆1킬로그램은 어디서 온 걸까?

1m는「지구의 북극점에서 적도에 이르는 자오선의 거리의 1000만분의 1」에서 유래했습니다. 그렇다면 국제 킬로그램원기의 질량은 무엇에서 유래한 것일까요?

그것은 다시 말해 물입니다. 미터법 제정당시는 우측 페이지 상단의 그림 안에 있는 것과 같이 정의했습니다. 간단히 말하자면 10cm × 10cm × 10cm(=1000cm^3,이것은 1리터에 해당함)의 물의 질량과 같은 추가 만들어졌습니다. 현재는 추 그 자체가 킬로그램의 정의가 되어 있습니다.

◆가까운 시일 내에 새로운 정의가 예정

그러나 킬로그램이「물체」에 의해 정의되어 있는 것은 상당히 불안정한 상황입니다. 시간이 지나서 원기의 질량도 변하고 있고 분실의 위험도 있습니다. 거기서 이전부터 보편적인 물리량을 이용해 정의하는 것이 검토되고 있습니다.

2011년 10월, 파리에서 국제 도량형총회가 열렸습니다. 이 회의의 마지막 날에「국제 킬로그램원기」를 폐지하고 새로운 정의를 설정하기로 결의되었습니다. 앞으로 몇 년 안에 새로운 정의를 다듬어 확정한 다음 이행하도록 되어 있습니다.

◆1킬로 킬로그램?

1kg의 1000배의 질량은 1Mg으로 표시할 수 있습니다(M메가에 대해서는 P.81 참조). 그러나 이 표기는 있기는 있지만 그다지 사용하지

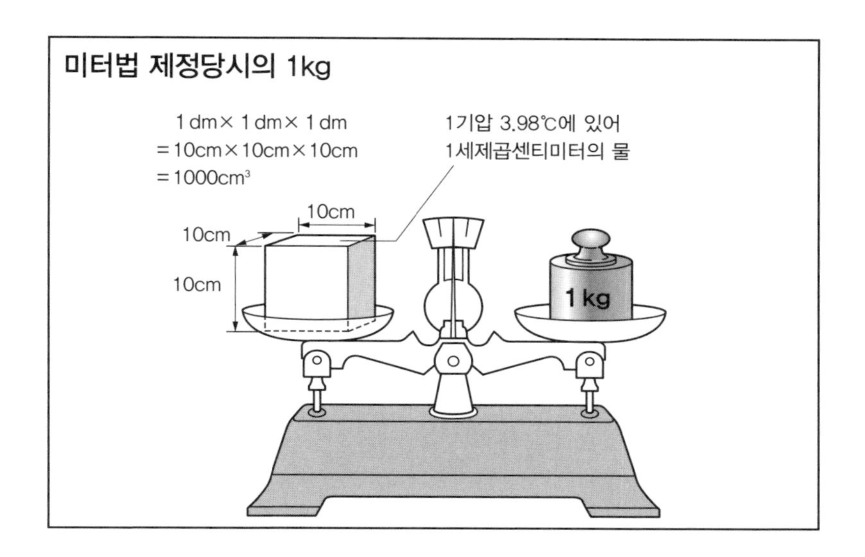

는 않습니다. 일반적으로는 톤[t]이 자주 사용됩니다. 톤은 [통]을 의미하는 프랑스 고어에서 유래했습니다.

미터법에 있어 1톤은 1000kg입니다. 이것은 100리터, 다시 말해 1m × 1m × 1m의 물의 질량과 거의 동일합니다.

톤 [t]은 국제단위계의 단위는 아닙니다. 그러나 실용상 중요한 단위이기 때문에 SI단위와의 병용이 인정되고 있습니다. 또한 일본의 계량법에서는 「킬로톤」「메가톤」의 사용도 인정되고 있습니다(편집자주 : 한국도 사용하고 있다).

관

1문전 1000닢의 질량

貫

읽는 법 : 관
재는 것 : 질량
정의 : (15/4)kg 비고 : 1관 = 3.75kg

mom

읽는 법 : 문(匁, 몬메)
재는 것 : 질량(진주용)
정의 : (1/1000)관 비고 : 1mom = 3.75

◆무엇을 관통하고 있는가?

「이름은 몸을 나타낸다」라고 합니다만, 단위에 붙은 이름도 그 단위의 기원이나 성질을 나타내는 것이 대부분입니다.

「관」도 그렇습니다. 무엇을 관통하고 있으니까 「관」인 것입니다.

물건의 질량을 천칭을 사용해서 재기 위해서는 작고 균일한 질량의 물질이 많이 있으면 편리합니다. 몸의 주변에 있는 그런 것이 있다면……, 그렇습니다. 화폐입니다.

중국에서는 송나라 시대부터 「개원통보」라고 하는 화폐의 질량을 기준으로 삼았습니다. 이 시스템이 일본에도 전해져 일문전의 질량을 「전」 또는 「문」이라고 불렀습니다.

에도시대의 대표적인 일문전인 관영통보는 원형의 통화로 중앙에 사각형의 구멍이 뚫려 있습니다. 관영통보를 대량으로 들고 운반하기 위해서는 이 구멍에 끈(돈꿰미)을 이어 연결하였다고 합니다(편집자주 : 조선시대의 목민심서를 보면 '1관＝10냥＝100전＝1,000문'이란 화폐 산식이 적용되어 있다).

1문전을 끈으로 엮어서……, 거기서 「관」이라는 단위가 태어났습니다.

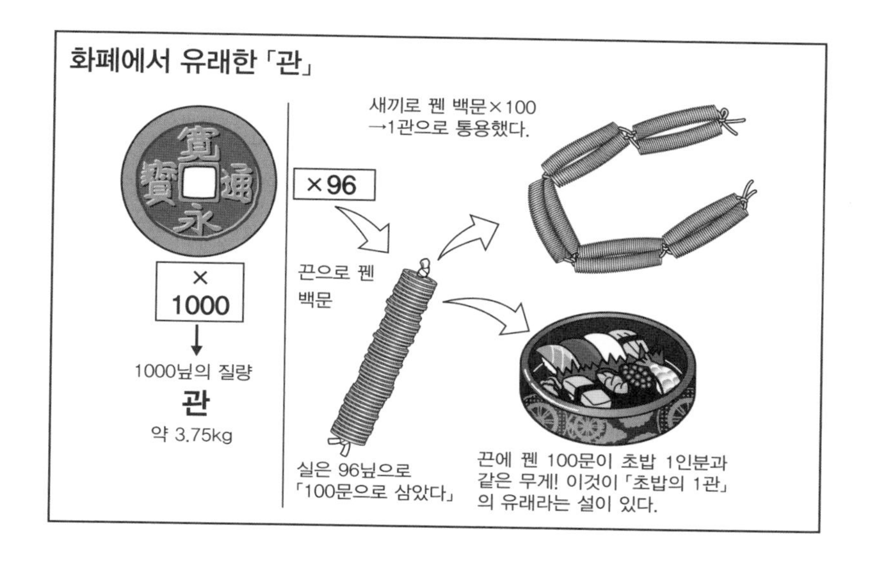

1관은 1문전 1000닢의 질량에 해당합니다. 메이지에 들어서 「국제 킬로그램원기의 4분의 15」로 정의되었습니다. 다시 말해 1관은 3.75kg입니다.

◆초밥에서 보이는 「관」

저는 회전초밥집을 정말 좋아합니다. 한 접시에 두 개의 쥠초밥이 놓여 있으니 늘 대강 9~10접시 정도 먹습니다.

그러고보면 초밥도 1관, 2관으로 셉니다. 질량의 단위인 「관」과 관계가 있는 걸까요?

이런 설이 있습니다.

에도마에 쥠초밥(역주 : 현대의 쥠초밥의 원형)이 등장한 시기의 초밥은 지금보다 훨씬 크고(1개 40g 가까이), 9종류를 가지고 1인분으로 삼았다고 합니다.

한편, 당시 1문전 96개를 끈(돈꿰미)으로 엮어 만든 것을 「돈꿰미 백문」이라고 해서 100문으로 통용되었다고 합니다. 이것이 10개 있으면 「돈꿰미 1관」입니다.

쥠초밥의 1인분은 「돈꿰미 백문」과 거의 동일한 질량(약 360g)이었다고 하니 장사가 잘되라고 「한관짜리」라고 부르게 되었습니다.

이 형식이 정착되자 이번에는 쥠초밥 한 개의 분량을 「1관」으로 부르게 되었습니다. 「1관」이란 개수가 아니라 질량이었던 것입니다!

나중에 「1관(40g)」 초밥을 더욱 먹기 쉽게 만들기 위해 2개로 나누어 내게 되었습니다. 이것이 현재 우리들이 보는 「1관」입니다.

질량의 단위로서는 거의 사용되지 않는 「관」입니다만, 이런 곳에서 여전히 사용되고 있었습니다.

◆「꽃 1문」은 5엔짜리 동전의 무게

관의 분량단위가 바로 관영통보(1문전) 한 닢의 질량 「mom」입니다. 1문전을 기준으로 했으니 「몬메(文目)(역주 : 문을 기준으로 한다는 뜻)」인 것입니다. 1mom은 3.75g으로 당연히 1관의 1000분의 1의 질량입니다.

1관 = 1000mom = 3.75kg

실은 현재 일본의 계량법※ 안에 남아있는 척관법※의 단위는 mom 뿐입니다. 그러나 이 단위는 세계에서 통용되고 있다고 해도 과언이 아닙니다.

일본은 진주의 수출국입니다. 양식진주의 산업화에 최초로 성공한

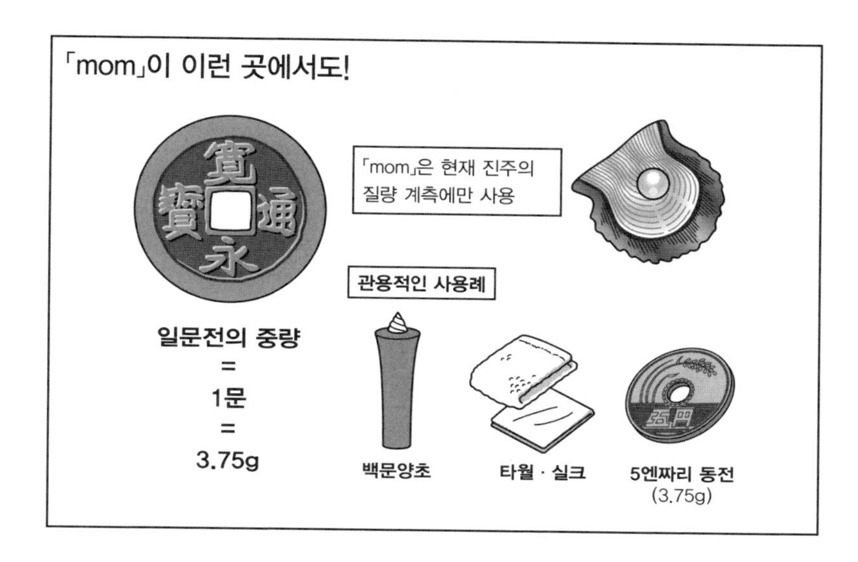

것도 일본이었습니다. 진주의 질량을 나타내는데 쓰이는 [mom]은 해외에서도 사용되고 있어, 폐지할 수가 없었습니다. 단, 문은 「진주의 질량의 계량」의 방면에서만 사용할 수 있습니다.

의외로 진주 이외에도 우리들의 주변에서 당당히 살아남아있는 mom이 있습니다. 바로 오 엔짜리 동전입니다. 오엔 동전의 질량은 딱 1mom, 3.75g입니다.

근

식빵을 살 때 만나는 단위

斤 읽는 법 : 근
재는 것 : 질량
정의 : 160문(匁) 비고 : 1근 = 600g

◆쇠고기를 한 근, 설탕을 한 근

「근? 그런 단위 들어 본 적 없는 걸.」

그렇게 생각 하실 지도 모르겠습니다. 하지만 많은 분들은 이미 만나고 계실 것입니다. 그것도 상당히 빈번하게!

예를 들면 나츠메 소세키의『나는 고양이로소이다』중에도「쇠고기를 한 근, 금방 가져 오너라」라는 장면이 있습니다.

에?『나는 고양이로소이다』가 발매된 1905(메이지 38)년이라면 사용했겠지만 지금은 다르다고요?

확실히 그렇습니다. 하지만「근」이라는 질량의 단위는 1958년까지 법정계량단위로 사용되었습니다. 쇠고기나 설탕 등은「한 근 정도」로 사고팔았습니다.

◆식빵에도 남아있는 근

근은 중국에서 오래전부터 사용된 단위로, 이 값은 시대, 지역, 용도에 따라 달라졌습니다. 일본에서는 1891년의 도량형법에서 1근이 160문(匁)으로 정해졌습니다. 1문은 3.75g이었으니 1근은 600g이 됩니다(편집자주 : 한국에도 통용되는 600g=1근은, 한국 전통 표준이 아닌 1902년에 도입된 일본 형량표준인 근제도에 근거한 무게표준량이다).

「근」에는 여러 가지 종류가 있다

명칭	문	그램
에이킨	120	450
가라메	160	600
야마토메	200	750
시로메	230	862.5
야마메	250	937.5

1891년의 도량형법에는……

1근 = 160문 = 600g

그러나 현재는 「포장 식빵 1개의 중량이 340g 이상인 것」을 「1근」이라고 표시합니다.
(「일본 빵 공정거래 협의회」 규칙에서)

우리들 주변에서 가장 가까운 곳에 근을 느낄 수 있는 곳은 분명 식빵을 살 때 일 것입니다. 그보다 현재는 식빵 정도밖에 근은 사용되고 있지 않습니다. 그러나 가판대에 늘어서 있는 한 근짜리 식빵은 600g이 아닙니다.

실은 도량형법※에서 정의되어 있는 것과는 별도로 근에는 여러 가지 종류가 있습니다. 수입품에 대해서는 120문(450g)을 1근으로 했던「에이킨(영근, 英斤)」이 사용되고 있습니다. 이것은 1파운드(453.6g 다음 항에서 상술하겠습니다)에 값에 가까운 것입니다. 식빵을 굽는 틀은 미국이나 영국에서 수입되었기 때문에 당연히 에이킨이 사용됩니다.

단 식빵의 한 근은 그 뒤 점점 가벼워졌습니다. 현재 식빵의 한 근은 공정경쟁규약에 따라 340g(이상)으로 정해져 있습니다.

파운드

체중을 파운드로 표시해 보자!

lb	읽는 법 : 파운드 pound　재는 것 : 질량 정의 : 0.45359237kg(상충, 정의치) 비고 : 야드 · 파운드 법의 기본단위

◆파운드인데 [lb]?

파운드 [lb]는 야드 · 파운드 법※의 질량의 단위입니다. 사용해본 적은 없더라도 들어 본 적은 있을 것입니다.

「질량의 설명 전에 어떻게 파운드 단위기호가 [lb]야? 이상하잖아」

날카롭군요! 정말 그렇습니다.

단위기호인 [lb]는 「천칭」이라는 의미가 있는 라틴어의 단위명 「리브라(libra)」에서 유래했습니다. 그러고 보면 「천칭자리」도 「리브라」라고 하지요.

고대 로마에서는 「~리브라의 무게로」를 「libra pondus」라고 표현했다고 합니다. 여기서 「파운드」가 「리브라」의 별명이 되었다고 합니다. 참고로 통화기호 「파운드」의 기호는 [£]. 이것도 「리브라」의 L입니다.

◆[lb]의 발음은 「파운드」에 가깝다!

복싱 시합 전에는 링 아나운서가 복서의 체중을 파운드를 사용해 관객에게 전달합니다. 우리 체중도 파운드로 표시해 봅시다.

파운드에는 많은 종류가 있습니다. 유명한 것만 4가지 들어 보겠습니다. 현재, 가장 많이 쓰이는 「상용 파운드」의 경우, 1파운드는 약 0.45kg(약 450g)입니다.

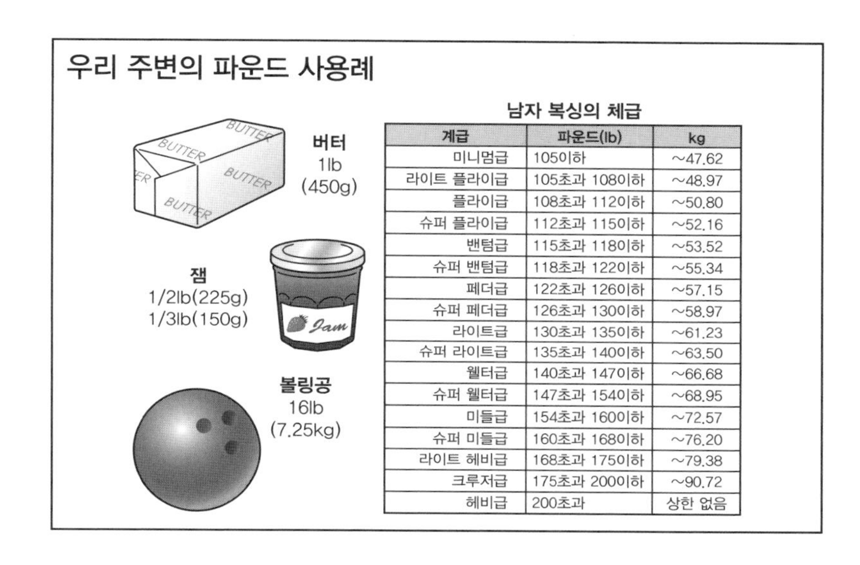

남자 복싱의 체급

계급	파운드(lb)	kg
미니멈급	105이하	~47.62
라이트 플라이급	105초과 108이하	~48.97
플라이급	108초과 112이하	~50.80
슈퍼 플라이급	112초과 115이하	~52.16
밴텀급	115초과 118이하	~53.52
슈퍼 밴텀급	118초과 122이하	~55.34
페더급	122초과 126이하	~57.15
슈퍼 페더급	126초과 130이하	~58.97
라이트급	130초과 135이하	~61.23
슈퍼 라이트급	135초과 140이하	~63.50
웰터급	140초과 147이하	~66.68
슈퍼 웰터급	147초과 154이하	~68.95
미들급	154초과 160이하	~72.57
슈퍼 미들급	160초과 168이하	~76.20
라이트 헤비급	168초과 175이하	~79.38
크루저급	175초과 200이하	~90.72
헤비급	200초과	상한 없음

제 현재 체중은 약 72kg. 이것을 0.45로 나누면……약 160파운드가 됩니다.

미국의 슈퍼마켓 등에서는 고기나 야채의 가격이 「1파운드당 얼마」로 표시됩니다. 일본의 슈퍼마켓에서도 파운드 표시를 발견할 수 있습니다. 금방 떠오르는 것은 버터나 잼. 450g이나 225g(반 파운드), 150g(3분의 1 파운드)로 팔리고 있는 것을 자주 찾아볼 수 있습니다. 부디 가게에서 체크해 보십시오!

온스

질량에도 부피에도 사용 가능한 단위

OZ	읽는 법 : 온스 ounce 재는 것 : 질량 정의 : (1/16)lb 비고 : 1oz = 28.349523125g(정확히)

◆파운드의 유래는?

전항에 이어 조금 더 파운드[lb]의 이야기를.

파운드의 유래는 어른 한 사람이 하루 동안 먹는 빵을 만들 때 필요한 밀가루의 질량이라고 합니다.

고대 메소포타미아에서는 밀 한 톨의 질량을 기준으로 한 그레인(grain)[gr]이라고 하는 단위가 있어 그레인의 배량 단위로 파운드가 정해졌습니다. 현재는 1파운드 = 7000그레인인 관계가 성립합니다.

◆1온스는 약 28g

파운드보다 작은 부피를 나타낼 때에는 온스[oz]를 사용합니다. 1온스는 1파운드의 16분의 1의 질량으로 정의되어 있으며 이것을 그램으로 나타내면 약 28.3g입니다.

미국에서는 파운드와 마찬가지로 온스도 자주 사용되고 있습니다. 예를 들면 미국 국내에서 우편물을 보낼 때, 우편물의 무게가 1온스까지라면 우송료는 49센트입니다. 미국에서 일본으로 우편물을 보낼 때의 요금은 1온스까지는 1달러 15센트입니다.(2014년 1월 기준)

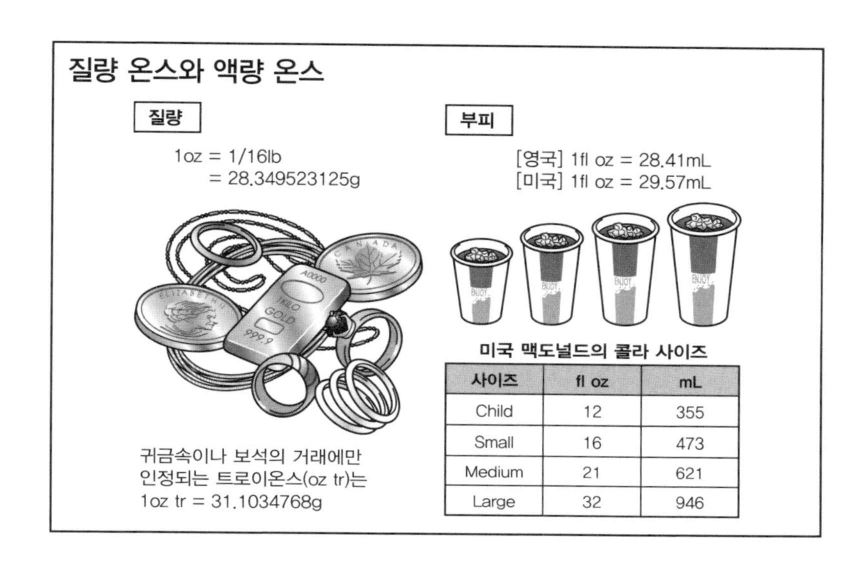

사이즈	fl oz	mL
Child	12	355
Small	16	473
Medium	21	621
Large	32	946

◆부피의 단위로서의 온스

온스는 액체의 부피의 단위로도 사용되는 경우가 있습니다. 질량과 구별하기 위해서 「액량 온스」[fl oz]라고 불립니다. 1액량 온스는 영국에서는 약 28.41mL, 미국에서는 약 29.57mL입니다. 해외여행을 자주 다니는 분은 면세의 범위에 대해서 자세히 알고 계실 것입니다. 예를 들면 향수는 2fl oz(약 56.8mL)까지 면세입니다.

여러분도 분명 자기도 모르는 사이에 온스를 자주 보고 계실 것입니다. 예를 들면 종이컵. 가장 일반적인 종이컵의 사이즈는 7fl oz(약 205mL). 스타벅스의 톨 사이즈는 12fl oz(약 355mL)입니다.

캐럿

보석에 쓰이는 질량의 단위

Ct	읽는 법 : 캐럿 carat 재는 것 : 질량(보석만) 정의 : 200mg

K	읽는 법 : 캐럿 금 karat 재는 것 : 분율 (금만) 정의 : 25분의 어느 정도 있는지를 나타내는 비율량

◆다이아몬드에는 캐럿을!

진주의 질량을 나타내는 데는 문(匁)[mom]을 사용하듯이 다이아몬드 등의 보석의 질량을 나타내는 데는 캐럿[ct] [car]가 자주 쓰입니다.

「캐럿」의 어원은 지중해 지방원산의「캐럽나무」라고 합니다. 캐럽나무의 종자의 무게가 약 200mg(0.2g)이기 때문에 그것을 추로 사용하였던 것입니다.

그러나 나라에 따라서 1캐럿의 값이 달라 곤란한 상황이 벌어지기도 하였기 때문에 1907년의 미터 조약 총회에서 1ct = 200mg으로 통일되었습니다.

그런데 다이아몬드라면「4C」라고 불리는 지표가 있습니다. Carat(질량), cut(연마), color(색), clarity(투명도)가 그것입니다. 초보자라도「질량 정도는 직접 잴 수 있어」라고 생각하실지 모르겠습니다만, 캐럿을 사용해서 보석의 거래를 하기 위해서는 정해진 기준을 만족시키는 계량기로 측정할 필요가 있습니다.

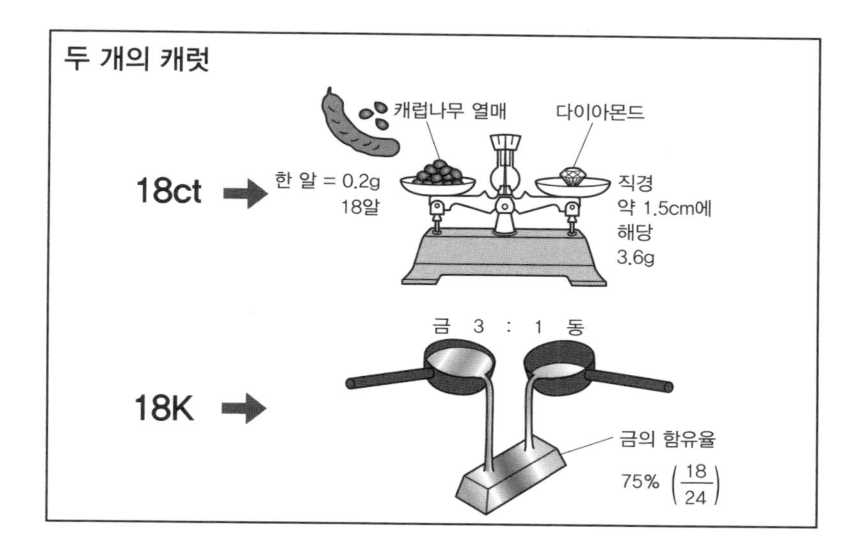

◆금에도 캐럿을 사용

보석의 캐럿과는 별도로 금에 대한 단위 캐럿[K]도 있습니다. 단 일본에서는 거의 「18K」를 「18금(金)」으로 부르고 있습니다(역주 : 한국은 케이라고 읽는 경우가 많다).

이쪽의 캐럿은 금의 순도를 24분율로 표시합니다. 예를 들면 18K의 경우 24분의 18의 비율의 금만을 함유하고 있습니다. 18÷24 = 0.75니 순도는 75%(=750‰ 퍼밀)입니다. (장신구용 금 합금의 순도는 「천분율」인 퍼밀[‰]이 쓰입니다. P.171참조). 최근 금의 가격이 높아지고 있습니다. 이 계산방법을 기억해 두시기 바랍니다.

굳기

긁었을 때 상처가 나는지 어떤지?

모스 굳기 Mohs hardness 굳기의 척도(주로 광물) (단위는 없음)
굳기의 척도로 1에서 10까지의 단계를 설정하여 각각에 대응하는 표준물질을 설정한다

◆다이아몬드도 깨진다!

단위라고 말하기는 어렵습니다만 광물이나 보석의 굳기의 척도는 알고 있으면 편리할 때가 있습니다.

여기서 소개하는 것은 1812년에 독일의 광물학자 프리드리히 모스(1773~1839년)에 의해 고안된 「모스 굳기」입니다. 1에서 10까지의 단계가 있어 각각에 표준이 되는 물질이 설정되어 있습니다.

여기서 말하는 「굳기」라는 것은 「긁었을 때 상처가 나는가」를 의미합니다. 다이아몬드는 단단합니다만, 쇠로 된 망치로 두드리면 간단히 깨지고 맙니다.

◆이 vs 철, 손톱 vs 진주

인간의 이의 굳기는 6~7. 이로 쇠(굳기 4 정도)를 긁으면 상처를 낼 수 있습니다. 진주의 굳기는 3.5~4. 따라서 인간의 손톱(굳기 2.5 정도)로는 상처를 낼 수 없습니다만, 이로는 상처를 낼 수 있습니다(진주를 이로 상처내려고 하다니 대체 무슨 상황인지 모르겠습니다만……).

참고로 위의 표에서 인간의 손톱과 금의 굳기는 모두 2.5로 되어 있습니다만 이것은 양자가 같은 굳기라는 것이 아닙니다. 굳기가 2.5라

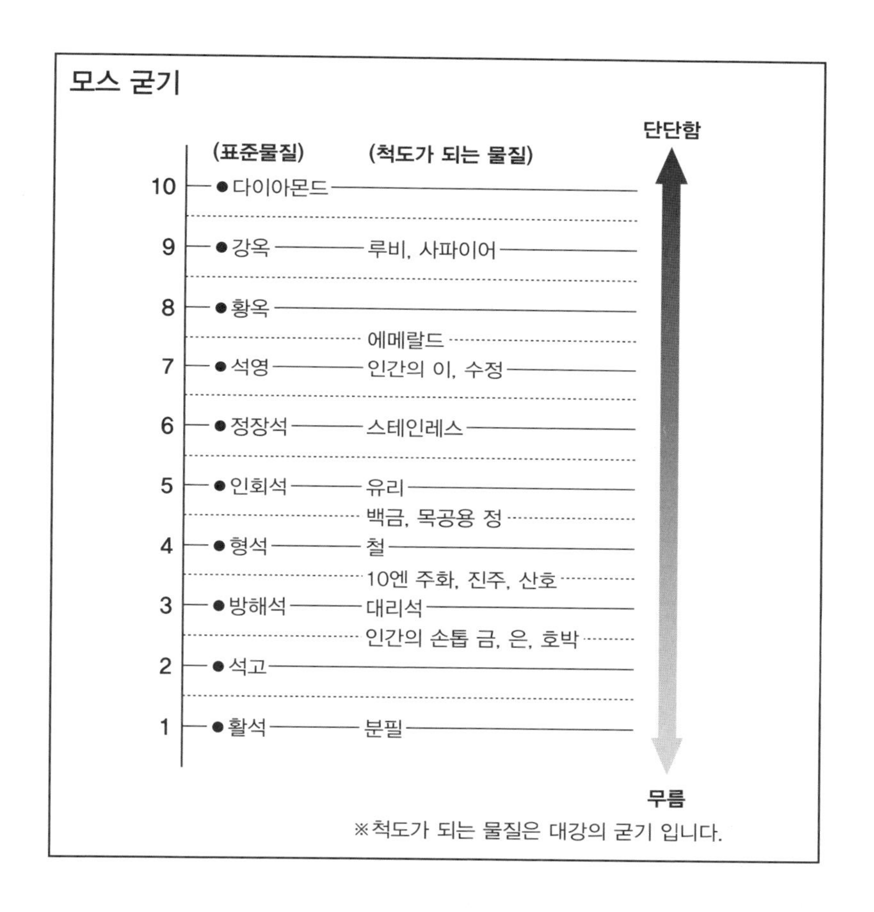

고 하는 것은 석고에 긁었을 때 상처가 나고 방해석에 긁었을 때 상처가 나지 않는다는 의미입니다.

참고 명수법

수를 쓰는 것(기수법)과 표현하는 것(명수법)은 다른 행위입니다. 100,000이라고 하는 수를 보통「10만」이라고 부릅니다만 언어가 다른 경우에는 다른 표현법이 있습니다.

일, 십, 백, 천, 만, 억……. 이러한 것은「단위」라고는 하지 않습니다. 10진법에서 수를 표현할 때의 자릿수를 나타내기 위한 명칭입니다.

1	=	1	일(一)
10	=	10	십(十)
100	=	10^2	백(百)
1 000	=	10^3	천(千)
10 000	=	10^4	만(萬)
100 000 000	=	10^8	억(億)
1 000 000 000	=	10^{12}	조(兆)
10 000 000 000 000	=	10^{16}	경(京)
100 000 000 000 000 000	=	10^{20}	해(垓)
100 000 000 000 000 000 000 (1의 오른쪽에 0이 24개 붙는다)	=	10^{24}	자(秭)
1의 오른쪽에 0이 28개 붙는다		10^{28}	양(穰)
1의 오른쪽에 0이 32개 붙는다		10^{32}	구(溝)
1의 오른쪽에 0이 36개 붙는다		10^{36}	간(澗)
1의 오른쪽에 0이 40개 붙는다		10^{40}	정(正)
1의 오른쪽에 0이 44개 붙는다		10^{44}	재(載)
1의 오른쪽에 0이 48개 붙는다		10^{48}	극(極)
1의 오른쪽에 0이 52개 붙는다		10^{52}	항하사(恒河沙)
1의 오른쪽에 0이 56개 붙는다		10^{56}	아승기(阿僧祇)
1의 오른쪽에 0이 60개 붙는다		10^{60}	나유타(那由他)
1의 오른쪽에 0이 64개 붙는다		10^{64}	불가사의(不可思議)
1의 오른쪽에 0이 68개 붙는다		10^{68}	무량대수(無量大數)

다음은 소수입니다.

소수의 단위에도 명칭이 붙어 있습니다. 「오분오분」이나 「구분구리」 같은 것은 지금도 쓰고 있습니다. 그럼 다음을 봐 주십시오.

분(分)	10^{-1}	= 0.1
리(釐)	10^{-2}	= 0.01
모(毛)	10^{-3}	= 0.001
사(絲)	10^{-4}	= 0.000 1
홀(忽)	10^{-5}	= 0.000 01
미(微)	10^{-6}	= 0.000 001
섬(纖)	10^{-7}	= 0.000 000 1
사(沙/砂)	10^{-8}	= 0.000 000 01
진(塵)	10^{-9}	= 0.000 000 001
애(埃)	10^{-10}	= 0.000 000 000 1
묘(渺)	10^{-11}	= 0.000 000 000 01
막(漠)	10^{-12}	= 0.000 000 000 001
모호(模糊)	10^{-13}	= 0.000 000 000 000 1
준순(逡巡)	10^{-14}	= 0.000 000 000 000 01
수유(須臾)	10^{-15}	= 0.000 000 000 000 001
순식(瞬息)	10^{-16}	= 0.000 000 000 000 000 1
탄지(彈指)	10^{-17}	= 0.000 000 000 000 000 01
찰나(刹那)	10^{-18}	= 0.000 000 000 000 000 001
육덕(六德)	10^{-19}	= 0.000 000 000 000 000 000 1
허공(虛空)	10^{-20}	= 0.000 000 000 000 000 000 01
청정(淸淨)	10^{-21}	= 0.000 000 000 000 000 000 001
아뢰야(阿賴耶)	10^{-22}	= 0.000 000 000 000 000 000 000 1
아마라(阿摩羅)	10^{-23}	= 0.000 000 000 000 000 000 000 01
열반적정(涅槃寂靜)	10^{-24}	= 0.000 000 000 000 000 000 000 001

※대수 · 소수의 일본어 표현에는 여러 가지 설이 있습니다(역주 : 한국어 한자 및 발음으로 표기).

조수사 3　토끼를 세는 법

토끼는 「한 마리(羽), 두 마리(羽)」라고 셉니다. 제대로 된 포유류인데도 羽라는 조류와 같은 방식으로 세고 있습니다(일본에서 조류를 셀 때는 羽를 사용합니다). 어째서 이렇게 된 걸까요?

동물의 고기를 먹는 것이 금지되어 있던 시대가 있었습니다. 그러나 금지되어 있었지만 먹고 싶다. 거기서 그러기 위한 「변명」이 생겨났습니다.

[변명1] 토끼는 2다리로 설 때가 있다. 뿅뿅 뛰어다니고 분명히 새다.

[변명2] 저 길이의 물체는 귀가 아니다. 날개다!

[변명3] 토끼는 짐승이 아니다. 이름을 봐라 새다. 「鵜鷺 : 우사기 = 토끼」처럼 이름에 새조(鳥)자가 들어가니까 문제 없다.

[변명 4] 토끼는 달에도 살고 있다. 하늘을 날 수 있으니까 새다.

이런 이유였습니다. 수렵 방법에서 유래했다는 설도 있습니다.

[변명 5] 수렵후 토끼는 귀를 모아 잡고 운반한다. 「모아 잡는 一把: 이치와」 것이 「한 마리一羽 : 이치와」로 변했다.

[변명 6] 토끼를 사냥할 때는 새와 같이 그물을 사용했다. 그러니까 새처럼 세었다.

이상 토끼가 뛰어가듯 재빨리 설명했습니다.

제4장

시간 · 속도 등

한때 「1일」을 24로 나누어(시간)
이것을 60으로 나누고(분)
그것을 또 60으로 나누었(초)습니다만,
20세기 중반에 지구의 자전속도가
일정하지 않다는 것이 알려졌습니다.
그러면 새로운 초의 정의는?
우리 주변의 단위에 담긴 인류의 지혜를
감상해 주십시오.

초

국제단위계의 시간의 기본단위

s	읽는 법 : 초 second 재는 것 : 시간 정의 : 세슘 133원자가 바닥상태(基底狀態)에 있을 때, 두 개의 초미세 에너지 준위 사이의 전이진동(轉移振動)에서 방출되는 복사선이 진동하는 시간의 91억 9263만 1770배
min	읽는 법 : 분 minute 재는 것 : 시간 정의 : 1초의 60배
h	읽는 법 : 시 hour 재는 것 : 시간 정의 : 1초의 3600배

◆「초」는 「일」에서 정해졌다?!

초[s]는 국제단위계 SI의 시간의 기준단위입니다. 그러므로 굉장히 중요한 단위입니다만 다른 측면에서도 중요합니다. 예를 들면 미터[m]의 정의 중에도 초가 등장합니다(P.16). 미터는 초 없이는 성립이 불가능하다는 뜻입니다.

초는 아시다시피 1일을 24등분(시)하여 그것을 60등분(분)한 것을 다시 60등분 한 것입니다. 실제로 어느 시가까지 「1초」는 1일(정확히는 평균 태양일)의 86400분의 1로 정의되어 있었습니다.

그러나 현재의 초의 정의는 위의 박스 안에 표시되어 있다시피 어렵습니다. 분도 시간도 일도 년도 나오지 않습니다. 고대에는 물시계나 해시계를 사용해서 시간이나 시각을 구했습니다만 지금은 굉장히 정확한 시계가 있습니다. 그에 따라 초의 정의가 변한 것입니다.

초와 다른 시간의 단위와의 관계가 변한 것은 아닙니다.

「초」의 정의의 변천

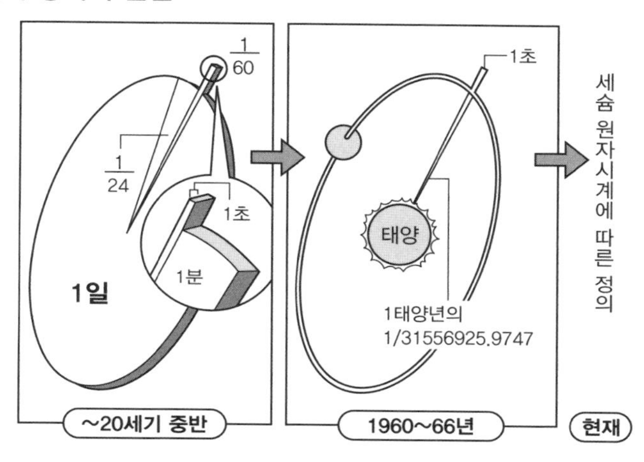

◆「초」가 지구의 움직임에서 독립했다!

혹시「1일의 길이」에서 1초를 정의하고 있었다면「1일의 길이」를 제대로 정해둬야 할 필요가 있습니다. 그러나 20세기 중반에 지구의 자전속도가 불규칙적이라는 것이 판명되었습니다. 그래서 1960년에 지구의 공전주기를 기준으로 한 초의 정의로 변경되었습니다.

그런데 지금은 지구의 공전주기에도 차이가 생기고 있다는 사실이 발견되었습니다. 당시 그만큼 정밀한 시계가 없었다는 뜻입니다. 그렇다면 지구의 자전이나 공전에서「독립」해서 시계를 이용해서 1초를 정의하는 편이 효율적입니다.

그래서 1967년에 맨 처음 기술한 정의로 변경되었습니다.

원자나 분자가 갖는 고유의 스펙트럼을 기준으로 이용한 시계는「원자시계」라고 불립니다. 현재는 세슘 원자시계보다도 더욱 정밀도가 높은 스트론튬 광격자 시계나 이터븀 광격자 시계가 개발되어 있습니다.

◆「윤초(閏秒)」란 무엇인가?

시계가 여기까지 정확해 지면 지구의 불규칙적인 자전에 맞지 않는다는 사태가 발생하게 됩니다. 그래서 시계와 지구의 자전과의 차이가 벌어지지 않도록 전 세계에서 일제히 1초를 깎아 내거나 추가하는 등의 작업이 이루어지고 있습니다. 이것이 「윤초」입니다.

이 처치는 1972년부터 시작되어 2012년 7월 1일까지 25회 실시되어왔습니다. 모두 1초를 추가하는 것으로 조정하였습니다.

◆지금 몇 시?

여기서 시각의 이야기도 하고 지나가겠습니다.

지구는 자전하고 있기 때문에 자오선별로 「사각」이 다릅니다. 그러나 그것에는 사회생활을 하기 위해서 나라별로 지역별로 같은 시각이 되도록 시간을 맞추고 있습니다. 이것이 「표준시」입니다.

일본표준시(JST, Japan Standard Time)는 1886년에 동경 135도의 자오선의 시각을 채용했습니다. 이것은 0도인 자오선(본초자오선)의 시간에서 딱 9시간 빠른 시각입니다(편집자주 : 한국도 동일).

◆「초」는 어째서 second인가?

hour, minute, second의 어원을 소개하도록 하겠습니다. hour(시)는 그리스어의 hora(시간)에서 유래했습니다. Minute(분)은 「작다」는 의미의 라틴어 minutus가 어원입니다. 「미니」나 「마이너스」 등도 같은

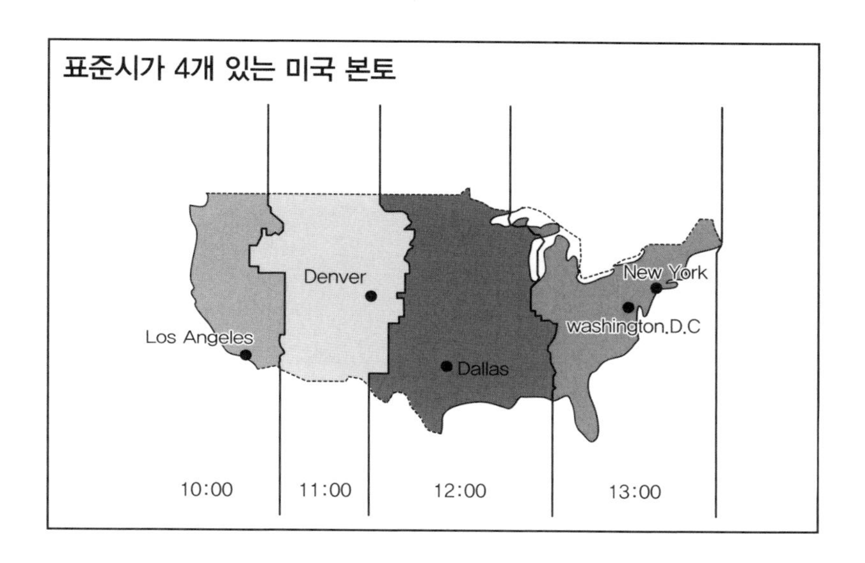

어원을 가지고 있습니다.

second에는 「제2의」라는 의미가 있습니다. 우선 hour를 분할한 minute, 그것을 또 분할한(그러므로 제2분할) second(초)라는 뜻입니다.

일

1일은 지구와 태양의 위치관계로 결정되었다

d
읽는 법 : 일 day
재는 것 : 시간
정의 : 1초의 86400배

w
읽는 법 : 주 week
재는 것 : 시간
정의 : 7일

◆1일은 24×60×60 = 86400(초)다!

지구의 어느 지점에서 태양이 정남쪽으로 갔을 때, 그것을「남중」이라고 합니다. 남중에서 다음 남중까지의「시간」이「1일」이라고 합니다.「1일」의 유래는 그것이 틀림없습니다만, 그것과는 별도로 현재의「1일」의 정의는 정확히 86400초입니다.

여러분께 한가지 주의를!「지구가 1회전 하는 시간」과「지구의 1일」은 약간이지만 다릅니다.

어느 지점에서 태양의 남중을 관측하고 나서 지구가 한 바퀴 (360° 회전)했다고 한다면, 같은 지점에서는 아직 태양은 남중에 오지 않습니다. 남중까지는 약 4분 정도 기다릴 필요가 있습니다. 전날의 남중에서 지구가 하루만큼 공전했으니 그 만큼 회전을 더 하지 않으면「1일」이 되지 않습니다.

◆일요일은 휴일?

다음은「주」에 대해서 생각해 봅시다. 1주는 5일이나 10일이 아니라 왜 7일인 걸까요?

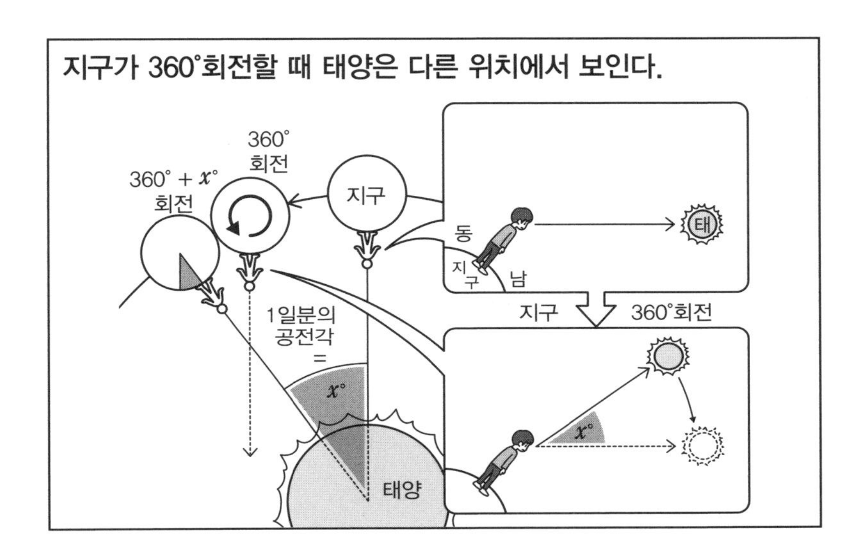

기독교에서는 창조주가 6일 동안 천지를 창조하고 7일째에 휴식을 취했으니까 그에 따라서 라고 설명하는 경우가 많이 있습니다.

고대 바빌로니아에서는 달이 차고 기우는 것을 달력으로 이용하였습니다. 초승달→반달→보름달→반달→그믐달→…… 이런 식으로 거의 7일마다 구분되는 모양으로 완전히 바뀌게 됩니다. 따라서 7일을 단위로 한 것은 자연스러운 생각이었을 것입니다. 또한 당시 알려져 있던 태양계의 별이 지구 외에 태양, 달, 수성, 금성, 화성, 목성, 토성 이 7개뿐이었기 때문이었다는 설도 있습니다.

「주」가 당나라에서 일본에 전해진 것은 9세기. 그러나 「일요일은 휴일」이라는 제도가 일본의 관청에서 채용된 것은 1876(메이지 9)년입니다.

월

「단위」로 불리지는 않지만 중요한 기간

月
읽는 법 : 월 month　재는 것 : 시간(단위라고는 하기 어렵다)
정의 : 달력상에서 1년을 12개로 나눈 것 중 하나. 제각기 다른 명칭으로 불린다.

◆「월」은 우리들이 의지하고 있는 기간

「월」이라고 하는「기간」이 있습니다. 우리들은 많은 공공요금을「월」단위로 내고 있습니다. 샐러리맨이라면「월급」이라는 형태로 급료를 받고 있는 사람도 많이 있을 것입니다.

그러나 엄밀히는「월」은「단위」가 아닙니다. 단위라고 불리기에는 매월의 길이가 똑같아야만 합니다만 1월과 2월의 일수는 동일하지 않습니다. 또한 2월은 해에 따라서 28일이 되기도 하고 29일이 되기도 합니다.

――그러한 설명을 하면 납득하는 사람이 많을 것입니다만 한편으로는 어려운 분도 있기에 이런 발언을 하는 분도 있습니다.

「에? 1월은 며칠이었지?」

2월은 제쳐두고 다른 달의 일수는 매년 일정합니다. 각각의 달의 일수는 기억해 두셨으면 합니다. 예로부터「니시무쿠 사무라이」라고 하는「작은 달(2 · 4 · 6 · 9 · 11월)」을 세는 방법이 있습니다(역주 : 2 = 니, 4 = 시, 6 = 무, 9 = 쿠, 11 = 十一를 합치면 士의 파자가 되어 '사무라이'라고도 읽는 데서 유래).

◆달이 차고 기우는 것을 이용하였기 때문에「월」

하늘에 떠 있는 달은 차고 기웁니다. 옛날에는 이것을 이용해서 초

각각의 「달」은 며칠인가?

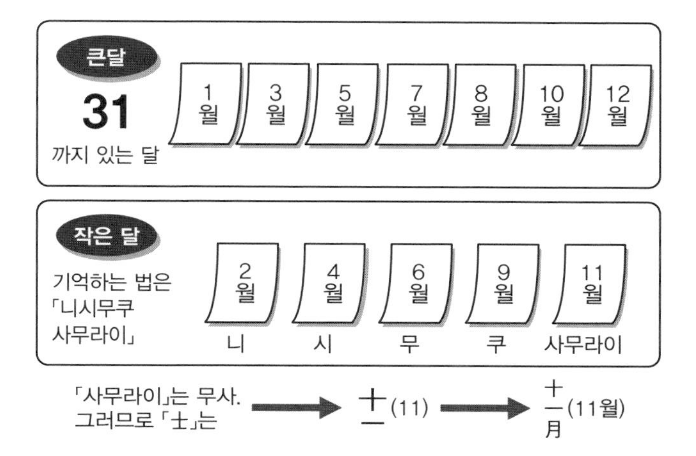

승달부터 다음 초승달까지를 하나의 기간의 기준으로 삼았습니다(태음력). 그렇기 때문에 이 기간을 「월」이라고 부르는 것입니다. 이렇게 만들어진 달력에서는 매월 15일 무렵에 보름달을 맞이합니다. 보름달 밤을 「보름(15일)날」이라고 부르는 것은 여기서 유래했습니다. 초승달(역주 : 일본에서는 3일달)은 매달 3일에 보이는 달이었기 때문입니다. 또한 우리들은 매달 처음 첫날인 「일일」을 「초하루(ついたち)」라고 합니다. 이것은 「달이 선(보이지 않았던 달이 나온)」 날이라는 뜻입니다.

일본에서는 태음력의 사용이 1872년 12월 2일까지로 그 다음 날이 태양력인 1873년 1월 1일이라고 합니다.

년

지구의 공전과 달력의 관계는?

Y

읽는 법 : 년 year　재는 것 : 시간
정의 : 태양이 평균춘분점을 연이어 2번 통과하는 동안의 시간간격
비고 : 약 365.2422일

◆윤년의 이야기를 합시다!

「년」이라고 하는 단위를 깊이 이해하기 위해서는 윤년의 지식이 빠져서는 안됩니다. 서력의 연수가 4로 나누어지는 해가 윤년이라는 것은 잘 알려져 있습니다만, 왜 윤년은 4년에 한 번 일까요?

아시다시피 「1년」이라고 하는 시간의 길이는 지구가 태양의 주위를 1회전하는 시간입니다. 그러면 지구가 1회 공전하는 동안에 지구는 몇 회전할까요?

365회전? 아이고 아깝습니다!

실은 365회전을 하고 아주 조금 더 회전을 더 합니다. 자세히는 약 365.2422회입니다. 다시 말해 「본래의 1년」은 365일과 5시간 48분 46초 정도입니다.

이런 1일이 안 되는 어정쩡한 시간이 있다고 해도 달력을 만들 때는 1년의 일수는 정수로 할 필요가 있습니다. 이런 생활상의 편의상 대강의 년은 365일로 되어 있는 것입니다.

◆어정쩡한 시간이 쌓이면……?

이 어정쩡한 5시간 48분 46초가 4년분 쌓이면 약 23시간 15분, 거의 1일이 됩니다. 그래서 4년에 한 번만 1일분을 늘려서 지구의 공전에

윤년의 구별법

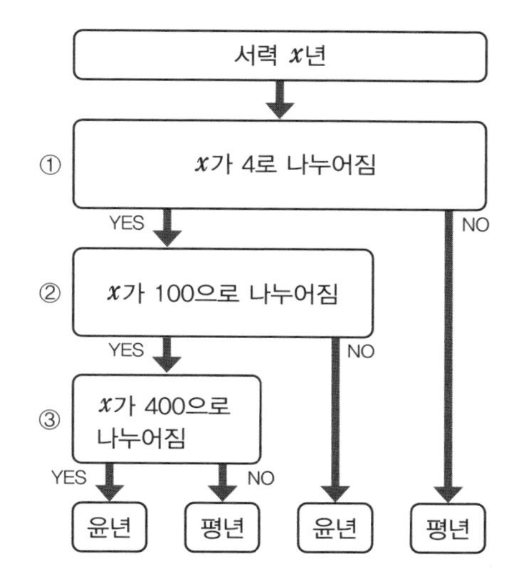

실은 서력의 연도수가 4로 나누어지는 해에도 윤년이 아닌 경우가 있습니다. 왼쪽처럼 구분해 주십시오.
2000년은 ③이 적용되어 윤년이었습니다. 400년에 한 번 있는 진귀한 해였습니다.

대응할 수 있습니다. 이 조정이 이루어지는 해가 윤년입니다.

눈치채셨겠죠. 이 조정을 하더라도 또 변수가 생깁니다. 이번에는 1일에는 45분 정도 부족해집니다. 거기는 400년에 3번만 윤년을 빼(제외하)는 것으로 처리합니다. 2100년은 4로 나누어지더라도 윤년은 아닙니다. 이 방법이 1582년에 제정된 「그레고리오력」입니다.

하지만 실은 이 방법에도 3300년간 약 1일분의 오차가 생기고 맙니다.

절기

1년을 24로 나누어 계절을 느낀다

읽는 법 : 절기 「절일」이 있을 뿐 단위는 아니다.
정의 : 태양이 황도(국제 천문기준좌표계에 기초하여 거리는 약 1.49597871×108km)를 지나며 각 절일의 이름에 해당하는 값을 갖는 시기

◆입춘, 입하, 입추, 입동

매년 8월 7일 무렵, TV나 라디오의 일기예보에서는 마치 짜기라도 한 듯 이렇게 이야기 합니다.

「오늘은 입추입니다. 달력상으로는 가을입니다만, 아직 더위가 이어지겠습니다」

지구가 태양의 주변을 돌고 있는 중에 절일이라는 「포인트」가 있습니다. 예를 들면 낮이 가장 길어질 때, 낮이 가장 짧아질 때, 낮과 밤의 시간이 같아질 때. 각각 하지, 동지, 춘분, 추분이라고 합니다(2지 2분이라고도 합니다).

이러한 포인트는 지구의 공전 상에서는 「한 여름」「겨울 한 복판」「한창 봄」「깊어가는 가을날」인 시기입니다. 거기서 예를 들면 동짓날과 춘분일의 딱 중간에 해당하는 날에 「오늘부터 봄이다!」 라는 포인트를 둘 수가 있습니다. 이것이 「입춘」입니다. 마찬가지로 입하, 입추, 입동이 있습니다(4립).

여기서 1년에 8개의 절일(팔절)을 배치합니다. 이러한 8개의 절일의 사이를 또 3등분해서 합계 24개의 포인트를 두어 우리들은 계절을 즐길 수 있습니다. 이것이 「24절기」입니다.

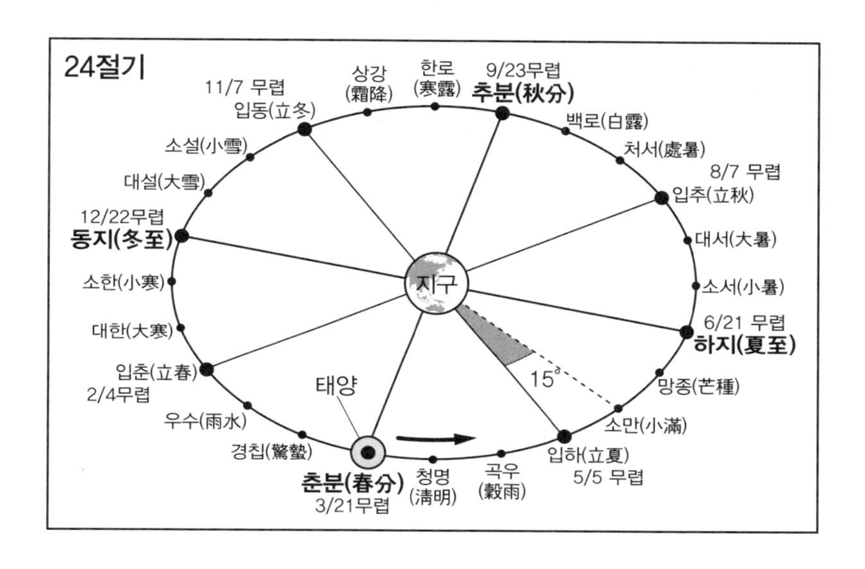

◆춘분날은 매년 같은 날…이라고는 할 수 없다

한 바퀴 공전 360°를 24로 나누면 15°가 됩니다. 따라서 15°별로 절일을 두게 됩니다.

단순히 생각하면 24절기의 간격은 15일에서 16일이 됩니다. 그러나 지구의 공전궤도는 완전한 원이 아니라 타원이기 때문에 같은 15°를 이동하더라도 그에 걸리는 시간이 달라집니다. 따라서 춘분이나 추분을 비롯하여 24절기의 날짜는 해에 따라 달라집니다. 이것도 또한 새해에 달력을 볼 때 느끼는 하나의 즐거움일지도 모르겠습니다.

미터 매 초

거리와 시간, 무엇을 무엇으로 나누는가?

m/s 읽는 법 : 미터 매 초 metre per second 재는 것 : 속도
정의 : 1초 당 1m의 속도
비고 : 「초속 ○m」라는 표현도 있다.

◆빠르기를 비교하는 문제에 도전

「빠르기」에 대해서는 초등학교 6학년 교과서에서 처음 등장합니다. 이것은 이것대로 조심스레 도입되어 있습니다.

오른쪽 그림의 문제를 봐 주십시오.

빠르기 비교 문제입니다. 어라? 포기하시려는 분이 계십니까? 하지만 아마도 다음 문제라면 계산할 수 있으실 겁니다.

①하나코 씨는 40m를 8초에 나오키 씨는 40m를 10초에 달렸습니다. 누가 빠를까요?

②하나코 씨는 40m를 8초에, 나오키씨는 60m를 8초에 달렸습니다. 누가 빠를까요?

①은 거리가 동일합니다. 따라서 하나코 씨 쪽이 빠르다는 것을 알 수 있습니다.

②에서는 시간이 동일합니다. 나오키 씨 쪽이 빠르군요.

결국 속도를 비교하기 위해서는 거리나 시간 둘 중 하나를 동일하게 하는 편이 좋습니다.

그렇다면 다시 오른쪽 상단의 문제를 봐 주십시오.

하나코 씨와 나오키 씨, 누가 더 빠를까요?

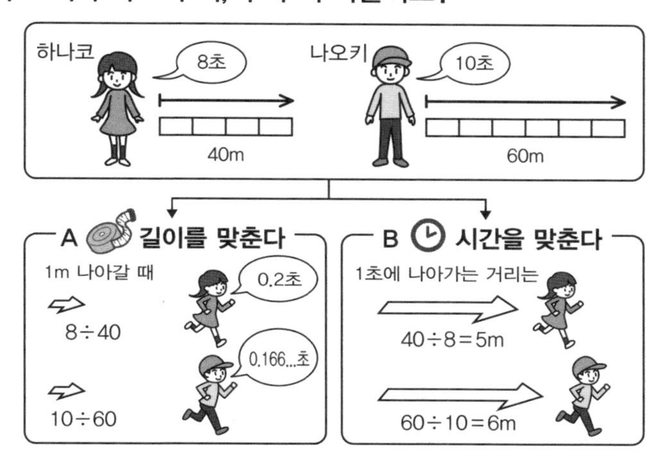

◆어떤 방법을 사용할까?

이 문제를 두개의 방법으로 풀어보겠습니다.

A의 방법은 「1m를 달리기 위해 몇 초가 필요한지」를 생각합니다. 그러기 위해서는 시간을 거리로 나눌 필요가 있습니다. 이 경우는 나온 수치가 작을수록 빨라집니다.

B의 방법에서는 「1초간 몇 m를 달렸는가?」로 생각합니다. 그러기 위해서는 거리를 시간으로 나눌 필요가 있습니다. 이 방법은 나온 수치가 클수록 빠르게 됩니다.

어느 방법이라도 빠르기를 비교할 수 있습니다. 다만, A 방법으로 비교하면 빠르면 빠를수록 수치가 작아지기 때문에 일반적인 빠르기의 표기방법으로는 실감하기 어렵습니다. 거기서 빠르기를 나타내는 데는 보통 B 방법을 사용하게 됩니다.

◆나눗셈을 사용하는 「조립단위」

B의 방법으로 하나코 씨의 식에 단위를 더하여 계산해 보겠습니다.

40m ÷ 8s = 5m/s

※미터…m, 초…s

「5m/s」라는 수치와 단위가 나타났습니다. [m/s], 이것이 국제단위계의 속도를 나타내는 단위입니다. 「5미터 매 초」라든지 「초속 5미터」라고도 읽습니다.

위의 식에서 단위만을 뽑아내보겠습니다.

[m] ÷ [s] = [m/s]

빠르기의 단위[m/s]가 만들어진 과정을 잘 알 수 있습니다. [m/s]는 조립단위였던 것입니다.

나눗셈을 사용해서 조립한 단위에는 밀도[kg/m^3],압력 [N/m^2],자동차의 연비[km/L], 가속도 [m/s^2]등 많은 수가 있습니다.

속도의 단위는 그 외에도 시속[km/h](킬로미터 매 시)나 분속[m/min](미터 매 분) 등이 있습니다. 때에 따라 나누어 사용하게 됩니다.

◆「맹렬한 바람」은 어느 정도의 바람인가?

빠르기에 대한 예를 몇 개 들어보려 하는데 우선 우리 주변에서 쉽게 볼 수 있는 「풍속」은 어떻습니까?

TV나 라디오에서 나오는 풍속에는 「평균풍속」과 「순간풍속」이 있습니다.

「평균풍속」이란 근처 직전 10분간의 풍속을 평균 낸 값입니다. 15시의 풍속이라고 한다면 14시 50분부터 15시 정각까지의 풍속의 평균

기상청이 알려주는 바람의 세기

예보에서 바람의 세기	평균풍속(m/s)	시속	에너지
약간 강함	10이상~15미만	~50km	우산을 받칠 수 없음
강함	~20미만	~70km	
굉장히 강함	~25미만	~90km	고속도로의 자동차급
	~30미만	~110km	
맹렬	~35미만	~125km	달리는 트럭이 쓰러짐
	~40미만	~140km	
	40이상	140km~	집이 붕괴되기도 함

입니다.

기상청에서는 「바람의 속도」를 「약간 세다」 「세다」 「굉장히 세다」 「맹렬」이라는 표현을 사용하고 있습니다(위의 표). 일기예보에서 「굉장히 강한 바람」이라고 언급되었다면 그 바람은 「고속도로의 자동차」급의 스피드입니다. 정말로 조심하셔야 합니다.

또한, [m/s]의 수치에 3.6을 곱하면 [km/h]로 환산됩니다. 초속 20m는 시속 72km입니다.

해리

항공회사의「마일」은 이것

M	읽는 법 : 해리 nautical mile[nm]　재는 것 : 길이 정의 : 1852m (국제해리) 유래 : 지구의 대원의 중심각 1분에 대한 호의 길이

kn	읽는 법 : 노트 knot [kt]　재는 것 : 속도 정의 : 1시간 동안에 1해리를 가는 빠르기 비고 : 약 0.514444m/s

◆육상마일과 해상마일

강남 유자가 강북 탱자 된다. 바다에는 바다의 마일,「해리(노티컬 마일)」이 있습니다. 세계적으로 통용되는 국제해리는 정확히 1852m로 정해져 있어 육상의 1마일(약 1609m, P.36)보다 240m 정도 깁니다. 두개의 마일을 혼동하지 않도록 육상의 마일을「육상마일」, 해리를「해상마일」이라고 부를 때가 있습니다. 해리의 유래는 지구입니다.

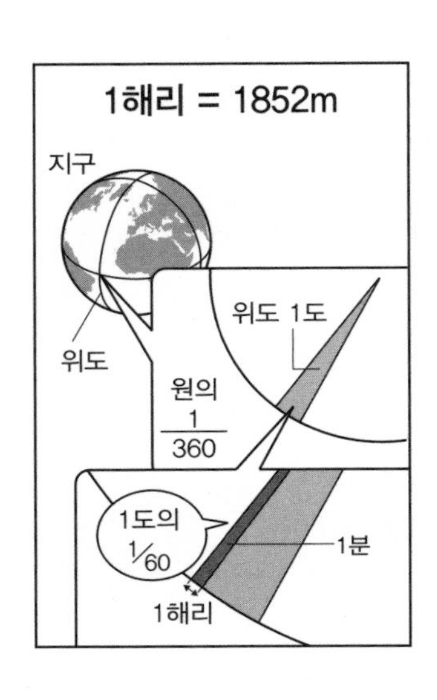

지구를 그 중심을 관통하도록 절단하였을 때 생기는 원을「대원」이라고 부릅니다. 이 대원의 원주의 1분(1도의 60분의 1)의 중심각에 대한 호의 길이가 1해리입니다. 간단히 말하자면 지구의 대원의 원주의 21600분의 1에 해당하는 길이입니다.

비행기의 운행에도 해리가 사용되고 있습니다. 항공회사의「마일리지 서비스」에서 탑승거리에 대응하는 포인트를 적립할 때「마일을 쌓는다」고 하는데 이때의 탑승거리는 육상마일이 아니라 해리를 사용해서 계산하는 것이 보통입니다.

여담이 됩니다만 육상의 쇼핑 등에서 쌓인「마일」을「육상마일」로 부르는 모양입니다.

◆노트는「매듭」을 말합니다!

「승선해주신 승객여러분, 이 배는 20노트로 항행중입니다」

한 시간에 1해리를 나아가는 속도를 1kn라고 합니다. 1해리는 1852m이므로 이 배의 속도는 약 37km/h. 좀 느리다고 생각하시나요? 배는 물의 커다란 저항을 받으며 나아가기 때문에 어쩔 수 없습니다.

노트(knot)란,「매듭」을 가리킵니다. 배의 속도를 잴 때에 일정한 간격으로 매듭이 지어진 밧줄을 선미에서 바다로 흘려보냈던 데에서 유래했습니다.

마하 수

소리의 빠르기와 비교해 본다

마하 수 mach number　재는 것 : 비교
정의 : 비행체의 속도와 그 비행체의 음속과의 비율
비고 : 1기압, 15℃에서 마하1은 약 340m/s

◆소리의 속도는 일정하지 않다!

저에게는 번개가 「번쩍」하고 빛난 순간부터 수를 세기 시작하는 버릇이 있습니다.

「1,2,3……」

여기서 「우르릉」하는 소리가 들렸다고 칩시다. 빛과 소리 사이에서는 빛이 압도적으로 빠르기 때문에 「번쩍」과 「우르릉」하는 사이의 시간을 알게 되면 비구름까지의 대강의 거리를 알 수 있습니다.

음속은 기온이나 기압 등의 조건에 따라 변화합니다. 1기압(P.142)의 경우, 음속c m/s와 기온t℃의 관계를 살펴보면 $c = 331.5 + 0.61t$라는 근사 값을 얻을 수 있습니다.

기온이 15℃라면 음속은 약 340m/s. 이 수치를 음속의 잣대로 생각해두면 편리합니다.

그러면 이 수치를 사용해서 비구름과의 거리를 계산해 봅시다. 「번쩍」에서 「우르릉」까지는 약 3초가 걸렸으니 $340 \times 3 = 1020$, 약 1km 정도 떨어진 곳에 비구름이 있습니다. 상당히 가깝네요! 실외였다면 주의해야겠군요!

1기압에서의 온도와 음속

온도	1초에 소리가 나아가는 빠르기
10℃	337.6m/s
15℃	340.7m/s
20℃	343.7m/s
25℃	346.8m/s
30℃	349.8m/s

◆「음속의 ○배」라고 하는 속도의 표시법

철완아톰의 비행속도는 마하 5, 울트라 세븐은 마하 7이라고 설정되어 있습니다. 이것은 각각 음속의 5배, 7배라는 의미입니다. 「마하 수」는 오스트리아의 물리학자 에른스트 마하(1838~1916년)에서 유래했습니다.

「마하 수」는 비행체의 속도와 음속과의 비율로 결정됩니다. 전술했다시피, 음속은 여러 조건에 의해 달라지기 때문에 마하 수는 단위는 아닙니다. 그러나 「1기압, 온도 15℃에서 음속 약 340m/s와 비교한다」는 등 조건을 한정시키면 단위라고 할 수 있을지도 모르겠습니다.

참고로 해상에서 마하 1은 약 1225km/h, 성층권에서는 약 1060km/h입니다.

rpm

레코드를 들을 때 필요한 단위

rpm	읽는 법 : 회전 매 분 revolution per minute 재는 것 : 회전속도, 회전수 정의 : 1분간에 1회 회전하는 속도
rad/s	읽는 법 : 라디안 매 초 radian per second 재는 것 : 각속도 정의 : 1초당 1라디안의 각속도

◆1분간 몇 회전하는가?

여러분의 집에는 레코드가 남아있습니까? 저희 집에는 야마구치 모모에나 마츠다 세이코의 싱글 레코드(소위「도넛판」)이나 LP판이 많이 있습니다. 레코드를 듣기 위해서는 레코드플레이어가 필요합니다. CD의 보급으로 레코드플레이어의 절멸이 예상되고 있습니다만 어찌어찌 살아남아있습니다.

레코드플레이어는 일정한 속도로 회전합니다. 회전속도는 선택할 수 있도록 되어 있어 잘 보이는 표시는 33 1/3, 45, 78. 이것은 1분간 어느 정도 횟수로 회전하는 지에 대해서 입니다.

여기서 사용하고 있는 단위가 회전 매 분[rpm]입니다. Revolution per minute 또는 rotation per minute의 약자입니다. 참고로 대강의 LP판의 회전속도는 33 1/3rpm(3분간 딱 100회전), 도넛판의 회전속도는 45rpm입니다.

◆CD플레이어의 회전속도는 일정하지 않다!

회전하는 횟수가 아니라 회전하는 각도의 크기로 속도를 표시할 수

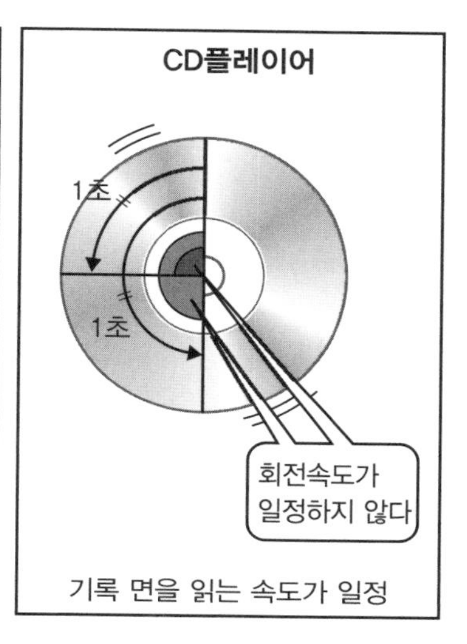

있습니다. 이것은「각속도」라고 불리고 있습니다. 각의 크기를 라디안 [rad](1라디안은 약 57.2°입니다. P.76)으로 표시하여 단위시간을 1초로 하면 라디안 매 초(radian per second) [rad/s]라는 단위가 됩니다. 느릿느릿한 회전을 나타내는 데에 편리한 단위입니다.

CD의 경우 회전속도는 일정하지 않습니다. 안쪽을 재생할 때는 빠르고(약 500rpm), 바깥쪽은 느려(약 200rpm)지도록 설계되어 있습니다. 이에 따라 헤드가 기록 면을 읽는 속도(선속도)가 항상 일정(약 1.25m/s)하게 유지되고 있습니다.

헤르츠

1초간 몇 회 반복되는가?

Hz
읽는 법 : 헤르츠 hertz
재는 것 : 주파수, 진동수
정의 : 1초간에 1회의 주파수, 진동수　비고 : $1Hz = 1s^{-1}$

◆하이디의 그네는 0.125헤르츠!

진동, 파동, 원운동 등과 같이 일정한 시간간격으로 반복되는 같은 상태를 나타내는 현상을「구기현상」, 반복되는 시간간격을「주기」라고 합니다.

주파수(진동수)는 주기의 역수※로, 단위시간에 주기현상이 반복되는 횟수입니다. 헤르츠[Hz]의 경우는 1초간 몇 회 반복되었는지를 나타냅니다.

「헤르츠」라고 하면 라디오의 주파수를 떠올리는 분이 많으실 것입니다. 거기서 약간 짓궂긴 합니다만 라디오 외의 다른 곳에서 쓰이는 헤르츠 이야기를 해보도록 하겠습니다.

애니메이션『알프스의 소녀 하이디』의 오프닝에서 하이디가 그네에 타고 있는 신이 있습니다. 이것도 주기현상으로 볼 수 있습니다.

저 자신이 측정해본 결과 주기는 약 8초였습니다. 그렇다면 진동수는 약 0.125Hz가 됩니다.

◆이 합창을 전달하지 못하는 것이 안타깝습니다!

복수의 악기를 사용하여 연주할 때에는「음을 조율하지」않으면 안 됩니다. 최근에는「튜너」라고 불리는 기계를 사용하는 것이 보통입니

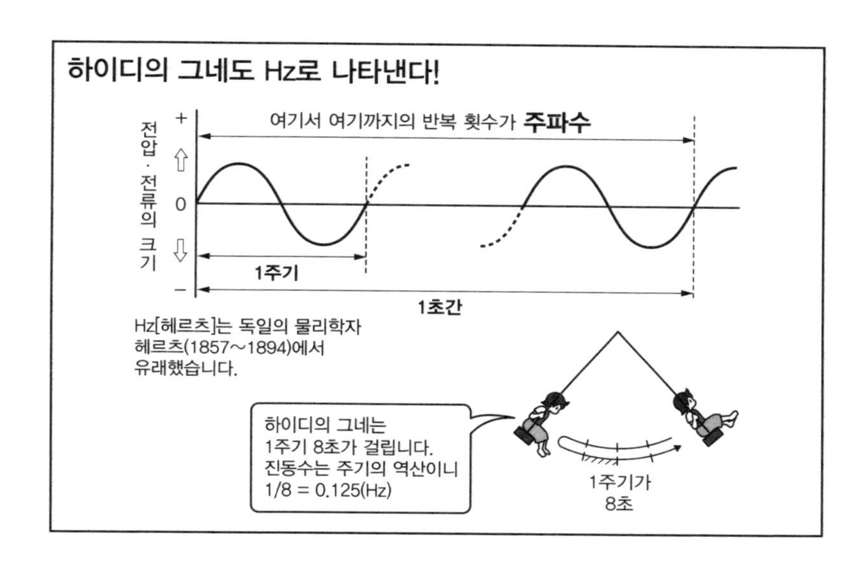

다. 일반적으로는 기준 음으로 삼는 「A4」의 음을 440Hz로 맞춥니다(A4는 음의 높이에 붙은 이름. 기타라면 1현 5플랫의 음). 튜닝에 음차를 사용하는 방식도 있습니다. 이 경우, 음차는 1초간 440회 진동한다고 합니다.

그러면 유명한 이야기를 하나.

전화기가 전송할 수 있는 음성은 사람의 대화를 커버하는 데는 충분하다고 생각에서 300~3400Hz로 정해져 있습니다. 한편 방울벌레의 울음소리의 주파수는 약 4500Hz. 다시 말해 방울벌레의 합창은 사람이 들을 수는 있어도 전화로는 전할 수 없습니다.

가속도

속도의 변화율을 나타내는 단위

m/s^2	읽는 법 : 미터 매 초 제곱 metere per square second 재는 것 : 가속도 정의 : 1초간 1m 매 초의 가속도
G	읽는 법 : 지 G 재는 것 : 가속도 정의 : 9.80665m/s^2 비고 : 1901년 국제도량형총회에서 규정

◆한 번에 갈 것인가 천천히 갈 것인가?

타인의 자동차에 타면 운전하는 사람에 따라 이렇게도 차이가 있다고 느낄 때가 있습니다. 한 번에 속도를 올리는 사람, 천천히 속도를 올리는 사람. 이 차이를 수치로 표현한 것이 「가속도」입니다.

가속도는 「단위시간 당 속도의 변화율」이므로 속도의 변화분을 그만큼 걸리는 시간으로 나누어 구합니다. 국제단위계에서의 단위는 [m/s^2] 입니다.

속도를 올릴 때의 가속도는 양수, 속도를 떨어트릴 때의 가속도는 음수가 됩니다. 일정한 속도로 달리고 있는 전철의 가속도는 0입니다.

◆힘을 작용시키면 가속도가 생긴다.

바닥에 야구공이 놓여 있다고 칩시다. 이 공에 힘을 가하면 굴러갑니다. 또한 굴러가고 있는 공에 힘을 가해서 움직임을 멈추게 할 수도 있습니다. 힘을 가하면 속도를 변화시킬 수 있는 것입니다. 다시 말해 「물체에 힘을 작용시키면(양수든 음수든) 가속도가 발생한다」는 것입니다.

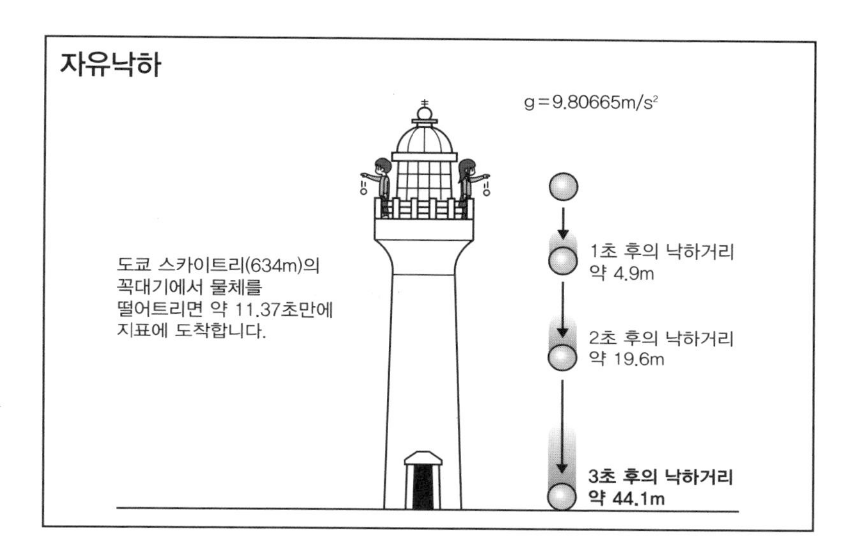

지구가 물체를 잡아끄는 힘은「중력」이라고 불립니다. 힘이 작용하는 것이므로 거기에는 가속도가 발생합니다. 이것이「중력가속도」입니다.

이 중력가속도는 측정하는 장소에 따라 다르기 때문에 1901년의 국제 도량형총회에서 표준 중력의 가속도 g의 값은 $9.80665m/s^2$로 규정했습니다.

이 중력가속도를 가속도의 단위 지[G]로 하여 사용합니다. 예를 들면 중력가속도의 3배인 3G로 표시합니다.

참고로 F1레이서는 레이스 중에 커브를 돌 때에 4~5G의 가속도를 체험한다고 합니다.

카인, 갈

지진에 관련된 두 개의 단위

kine 읽는 법 : 카인 kine
재는 것 : 속도, 빠르기
정의 : 1초간 1cm의 속도

Gal 읽는 법 : 갈 gal
재는 것 : 가속도
정의 : 1초에 대해 1cm/s의 가속도 비고 : 1Gal = 0.01m/s^2

◆속도에 고유의 이름을 붙인다

음악의 속도기호에 「안단테 Andante」가 있습니다. 「걷는 듯한 속도로」라는 의미입니다.

갑작스럽습니다만, 「안단테」라고 하는 속도의 단위를 만들어 보는 건 어떻겠습니까. 1시간에 4km 걷는 속도(=4km/h)라고 정의해버리면, 천천히 걷는 속도를 0.8안단테, 빠른 걸음을 1.5안단테라고 표시할 수 있어 꽤 편리하지 않을까――하고 혼자서 멋대로 생각해 봅니다.

도입부가 꽤 길어졌습니다. 속도의 단위에 고유의 명칭을 부여하고 있는 몇 안되는 예로 카인[kine]이 있습니다. 1카인은 1초에 1cm라는 느릿느릿한 속도. 주로 지진동의 속도를 나타낼 때에 사용하는 단위입니다.

◆갈릴레오 갈릴레이의 「갈」

가속도에 고유의 명칭을 붙인 예도 있습니다. 1초에 1cm/s^2의 가속도를 1갈[Gal]로 표시합니다.

$$1\text{Gal} = 1\text{cm/s}^2 = 0.01\text{m/s}^2$$

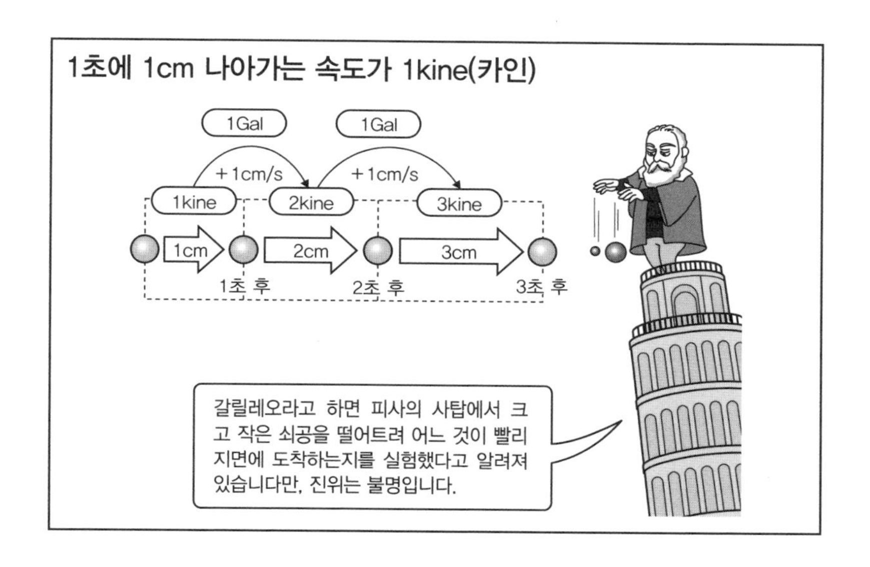

단위명은 물론, 진자의 등시성이나 낙체법칙(落體法則)의 발견으로 유명한 이탈리아의 물리학자 갈릴레오 갈릴레이(1564~1642년)에서 유래했습니다.

지진이 일어났을 때에 건물이 받는 지진동의 크기는 카인이나 갈을 사용해서 나타내는 것이 일반적입니다. 갈은 국제단위계의 단위는 아닙니다만, 계량법에서는 지진에 관련된 진동가속도의 계량에 한해 사용을 인정받고 있습니다.

최근에 지진이 일어났을 때에 건물의 피해상황이 지진동의 가속도의 크기보다도 속도의 크기에 관련이 깊다는 것이 알려졌습니다.

조수사 4　홈런수를 세는 법

*아래 내용은 일본 한정. 한국에서 쓰이는 조수사는 옆에 괄호로 표시한다.

◆봉모양의 가늘고 긴 것은「本(본)」

음 여기서도? 그렇게 생각하실 정도로 많은 분야에 등장하는 조수사가「本(자루)」입니다.

일반적으로는 겉보기에 막대기 모양의 긴 물건을 셀 때 쓰입니다. 성냥, 연필, 맥주, 막대기, 배트, 우산, 나무 등, 정말로 많은 예가 있습니다.

실제로는 보이지 않더라도 이미지로 길고 가느다란 선을 이동시키고 있다고 판단되는 경우, 예를 들면 전화나 편지, 이메일 같은 곳에도「本」를 사용합니다.

「그는 도쿄에 가버린 채로 편지 한 本(통) 보내지 않는다」

「어제는 광고전화가 몇 本(통)이나 걸려왔다」

같이 말합니다. 전철의 운행 수, 스키점프, 홈런을「1本, 2本」이라고 세는 것은 이에 해당하는 것입니다.

◆영화 한 本(편), 유도의 한 本(판)

여기서 이미지를 확장시켜 봅시다.

어느 정도 이상 길어지거나 처음부터 끝까지 이어지는 형태의 물체, 또 어느 행위가 시간이나 노력을 들인 경과, 달성된 경우에도「本」을 사용합니다. 영화나 드라마, 각본, 논문, 레포트나 과제, 그리고 보면 유도의 기술이 들어갔을 때도「本」으로 세는군요.

제5장

온도 · 힘 · 에너지 등

「진도」는 지진의 강약의 정도를 나타내며
「매그니튜드」는 지진의 에너지를 나타냅니다……
다행인지 불행인지 이것을 모르는 사람은 적어졌습니다.
다민족이 커다란 원을 이루며 살아가는 현재,
커다란 에너지의 정확한 이해는 필수가 되어가고 있습니다.

온도

온도를 나타내는 것은 「섭씨」만이 아니다.

℃	읽는 법 : 셀시우스 도(섭씨온도) degree Celsius 재는 것 : 온도 정의 : 켈빈으로 나타나는 열역학 온도의 값에서 273.15를 뺀 수치 유래 : 물의 어는점을 0도, 끓는점을 100도로 한 온도
℉	읽는 법 : 파렌하이트 도(화씨온도) degree Fahrenheit 재는 것 : 온도 정의 : 켈빈으로 나타나는 열역학 온도의 값의 1.8배에서 459.67을 뺀 수(계량단위령) 유래 : 물의 어는점을 32도, 끓는점을 212도로 한 온도
K	읽는 법 : 켈빈 kelvin 재는 것 : 온도 정의 : 물의 삼중점의 열역학 온도의 273.15분의 1 비고 : 섭씨온도에 있어 1도의 온도차는 켈빈의 1도의 온도차와 동일

◆「섭씨」는 「셀시우스 씨」

오늘은 더울까요? 추울까요? 매일 아침 출근 전에 일기예보를 체크하는 분도 많이 계실 것입니다. 현재 온도의 단위로 섭씨온도(셀시우스 도)를 사용하고 있습니다.

셀시우스라고 하는 인명은 1742년에 이 온도단위를 고안한 스웨덴의 천문학자 안델스 셀시우스(1701~1744)를 가리킵니다. 단위기호로 쓰이는 C는 Celsius의 머리글자입니다.

그러면 「섭씨 20도」같은 때의 「섭씨」란 무엇일까요? 「섭」은 「셀시우스」의 중국어 음역 「攝爾修斯(섭이수사)」의 머리글자입니다. 또한 「씨」는 인명을 나타내는 접미사. 저 「호시다 星田」를 「성씨 星氏」라고 부르는 것이나 마찬가지입니다.

◆물의 어는점과 끓는점을 사용해서

셀시우스는 처음에는 1기압 하에서 물의 끓는 점을 0℃로 삼았습니

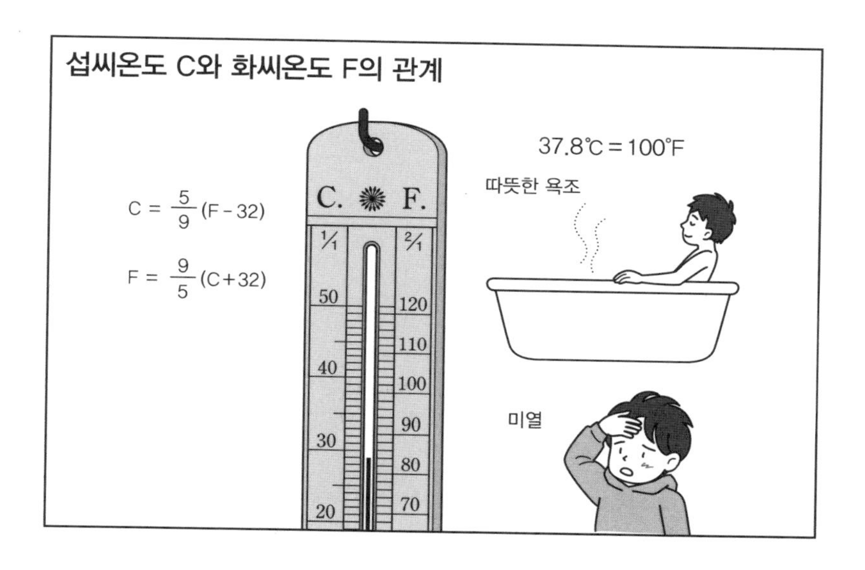

다. 지금과는 반대입니다. 나중에 물의 어는점을 0℃, 끓는점을 100℃로 하는 현재의 방식으로 고쳤습니다.

종종

「물이 끓는 온도가 딱 100℃라니 이런 우연이 어디 있어!」하고 말씀하시는 분들이 계십니다만 그렇습니다. 우연이 아닙니다. 그렇게 정의되어 있는 것입니다.

단, 현재의 섭씨온도는 국제단위계의 온도의 기본단위인 켈빈[K]을 사용해 정의되어 있습니다.

◆화씨온도 쪽이 먼저 탄생했다!

여름의 더운 시기에 미국을 방문하면 온도를 나타내는 전광표시가 「100」을 가리키고 있어 익숙하지 않은 우리들은 놀라고 맙니다. 그것은 화씨온도[℉] 표시입니다.

단위기호인 F는 이 단위를 고안한 독일의 물리학자 파렌하이트(1686~1736년)의 머리 글자입니다. 중국어 음역으로 「華倫海」로 표기하는데서 「화씨」라고 불리고 있습니다.

파렌하이트는 1717년, 수은을 사용해서 정확한 온도계를 제작했습니다. 이 온도계로 측정해보자 물의 어는점과 끓는점이 일정하다는 점을 알게 되었습니다. 이것은 대발견입니다.

그는 최종적으로 물의 어는점과 끓는 점 사이를 180등분(섭씨온도계로는 100등분)하여 어는 점을 32℉, 끓는점을 212℉로 하는 눈금을 사용하였습니다. 이것이 현재의 화씨온도계의 눈금입니다. 그는 자신이 만든 온도계를 사용해서 물 이외의 액체에도 고유의 끓는점이 있다는 점, 또 그 끓는점이 대기압에 의해 변화한다는 점을 발견했습니다.

화씨 100도는 섭씨 37.8도에 해당합니다. 화씨온도를 사용하는 지역에서는 조금 열이 났을 때의 체온이 100℉라고 인식하고 있습니다.

◆절대영도 이보다 낮은 온도는 없다!

국제단위계의 온도의 기본단위는 [℃]도 [℉]도 아니고 켈빈[K]입니다. 절대영도의 사고방식을 도입한 영국의 물리학자 W.톰슨(후에 남작 켈빈경이 된다. 1824~1907년)에서 따와 붙었습니다. 온도의 단위입니다만, 기호에는 「°」가 붙지 않습니다.

그는 모든 분자의 운동이 정지되는 온도(절대영도)를 0K(켈빈)으로 정하고 켈빈에 1도의 온도차에 셀시우스도와 같은 간격을 이용했습니다. 켈빈에서는 음수는 사용하지 않습니다.

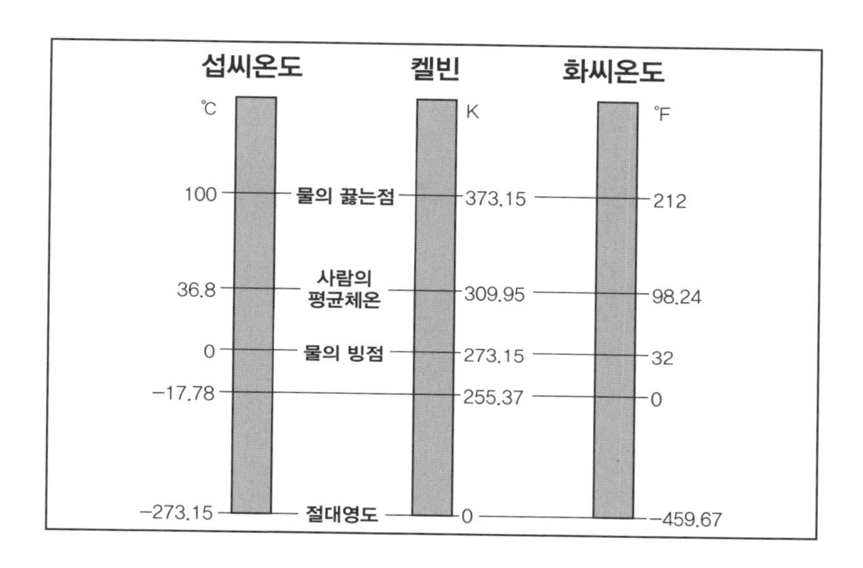

참고로 절대영도 0K는 −273.15℃이므로 섭씨온도의 0℃는 273.15K가 됩니다.

뉴턴

특별한 이름이 붙은 힘의 단위

N

읽는 법 : 뉴턴 newton
재는 것 : 힘
정의 : 질량 1kg의 물체에 $1m/s^2$의 가속도를 발생시키는 힘의 크기

◆일상에서는 잘 보이지 않는 단위

그다지 보기 어려운 단위입니다만 이렇게 우리와 가까이 있습니다――이 책에서는 여러 가지 단위를 그런 식으로 소개하고 있습니다. 그러나 이 뉴턴[N]은 중학교 물리에서 등장하는데도 일상생활에서 들을 일은 거의 없습니다. 곤란하군요. 하지만 정신을 똑바로 차리고 소개하도록 하겠습니다.

뉴턴은 힘의 단위입니다.

힘F는 물체의 질량 m과 가속도 a의 곱으로 정의되어 있습니다. 다시 말해 $F=ma$라는 식으로 나타낼 수 있습니다. 이 식에서 「무거운 물건을 옮길 때는 큰 힘이 필요하다」는 것을 읽어낼 수 있습니다.

질량의 단위는 [kg] 가속도의 단위는 [m/s^2]이니 힘의 단위는 [$kg \cdot m/s^2$]이 됩니다. 상당히 긴 단위이기 때문에 하나로 묶어서 뉴턴[N]이라고 하는 특별한 명칭과 기호가 부여되었습니다. 물론 영국의 과학자 아이작 뉴턴(1642~1727년)의 이름에서 유래했습니다.

$$1N = 1kg \cdot m/s^2$$

◆「뉴턴저울」이 있습니다!

정육점에 있는 디지털 저울에 고기를 올리면 그 질량이 표시됩니다.

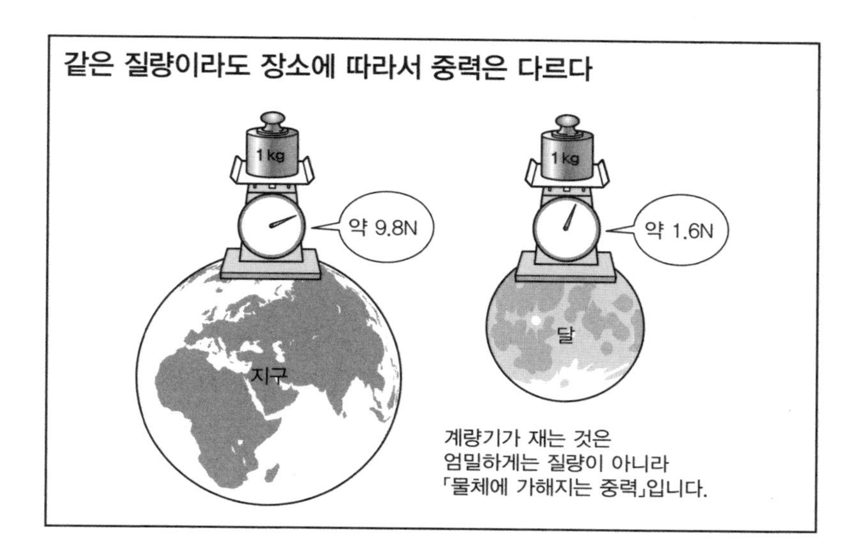

그러나 저울이 실제로 재는 것은 질량이 아니라 고기에 가해지는 중력입니다. 참고로 1kg의 고기에 가해지는 중력은 약 9.8N(뉴턴)

「자, 사모님 쇠고기 9.8뉴턴」

하고 고기의 양을 힘의 단위로 말해주는 것도 곤란하니 9.8N의 힘이 저울에 가해져 1kg으로 표시되도록 설계되어 있는 것입니다(물론 뉴턴으로 표시하는 저울 「뉴턴 저울」도 있습니다).

그리고 중학교에서는 1N을 「약 100g의 물체에 가해지는 중력의 크기」라고 배우고 있습니다.

파스칼

바에서 변한 압력의 단위

Pa	읽는 법 : 파스칼 pascal 재는 것 : 압력 정의 : $1m^2$에 가해지는 1N의 압력

Bar	읽는 법 : 바 bar 재는 것 : 압력 정의 : 100000Pa 비고 : $1m^2$에 10만N의 힘이 작용하는 압력

◆같은 힘이라도 느끼는 방식이 다르다!

자신의 무릎을 이쑤시개 끝, 엄지손가락, 손바닥으로 눌러 봅시다. 같은 힘으로 누르더라도 느낌이 완전히 다르다는 것은 상상할 수 있을 것입니다(이쑤시개의 경우는 조심해 주십시오!)

이 차이를 수치로 표시하기 위해서는「단위면적에 작용하는 힘의 크기」를 구할 필요가 있습니다. 이것이「압력」입니다. 따라서 압력은

(압력) = (힘의 크기) ÷ (힘이 작용하는 면적)

으로 구할 수 있습니다.

국제단위계의 힘의 단위는 뉴턴(N), 면적의 단위는 제곱미터[m^2]이니 압력의 단위는 [N/m^2]입니다.

[N/m^2] 그대로 둬도 좋습니다만, 편리하게 표시하기 위해서 여기에 [파스칼 pascal]이라는 명칭과 [Pa]라고 하는 기호가 부여되었습니다.

$$1Pa = 1N/m^2$$

파스칼이라는 명칭은 물론 대기압의 존재를 실증한 프랑스의 화학자 파스칼(1623~1662년)에서 유래했습니다.

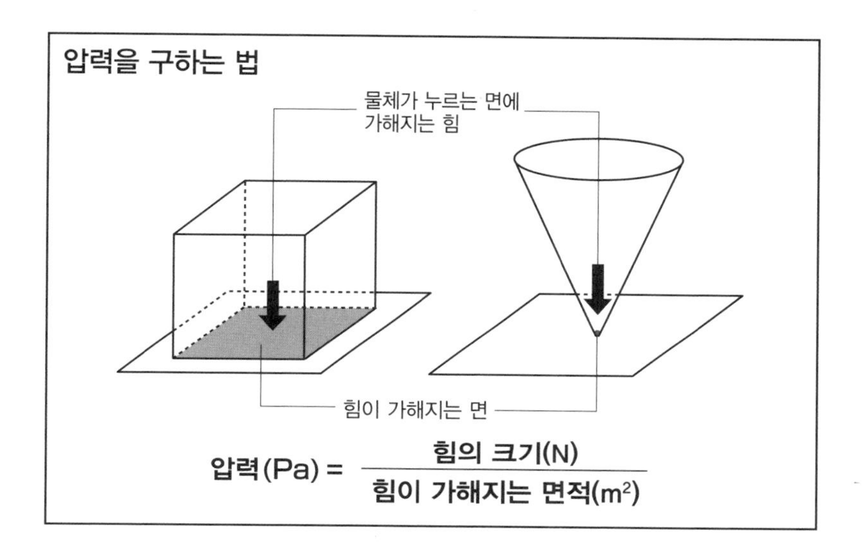

◆공기에도 질량이 있다!

지구는 공기로 둘러싸여 있습니다. 공기에도 질량이 있기 때문에 지표의 물체는 공기의 압력을 받아들이고 있습니다. 이것이 「대기압(단순히 「기압」이라고 하는 경우도 많습니다)」 입니다.

해수면에 대한 기압을 「표준기압」으로 삼아 이것이 「1기압」으로 정의되어 있습니다. 「기압」도 하나의 단위입니다. 「1기압」을 파스칼로 나타내면 101 325Pa입니다.

당연한 말씀입니다만 대기압은 고도에 따라 달라집니다.

예를 들면 후지산 정상에서는 약 0.7기압, 에베레스트의 산꼭대기에서는 약 0.3기압이 됩니다.

「기압」이라고 합니다만, 수압을 표시할 때에도 사용되는 경우도 꽤 많이 있습니다. 수심 10m 정도라면 수압이 1기압, 대기압이 1기압,

따라서 2기압의 압력이 필요합니다. 세계에서 가장 깊은 마리아나 해구의 가장 깊은 곳(수면 아래 10911m라고 합니다)의 수압은 약 1090 기압이라고 합니다.

◆1030밀리바의 고기압이……

예전에는 「밀리바」라고 하는 압력의 단위가 쓰였습니다. 어렴풋이 기억에 남아있는 분도 계실지도 모릅니다. 「1030밀리바의 고기압이……」 등 일기예보에서 매일같이 듣던 소리입니다.

그런데 바[bar]라는 단위는 [cm], [g], 초[s]를 이용해 조합한 단위이기 때문에 [m], [kg], 초[s]를 기본으로 하는 국제단위계의 단위에는 어울리지 않았습니다.

일본에서는 계량법으로 1992년 12월부터 국제단위계의 단위를 사용하게 되었기 때문에 압력의 단위인 바[bar]에서 파스칼[Pa]로 바뀌게 되었습니다(역주 : 한국도 동일). 참고로 「1바 = 100000파스칼」인 관계가 성립합니다.

아까 1030mbar를 파스칼을 사용해서 나타내면 103 000Pa가 됩니다. 표기하기 위해서는 6자리가 필요해 집니다. 그래서 「100배」를 의미하는 접두사 「헥토 h」가 붙은 헥토파스칼 「hPa」를 사용하고 있습니다.

그러면 1030mbar = 1030hPa

그러자 수치 부분은 완전히 똑같은 단위로 이행되었습니다. 덕분에 1992년 연말은 큰 스트레스를 느끼지 않고 단위를 변경할 수 있었습니다. 멋진 지혜였습니다.

그렇다고는 하지만 「헥토 h」라는 접두사는 그다지 볼 수 없습니다.

970hPa의 태풍

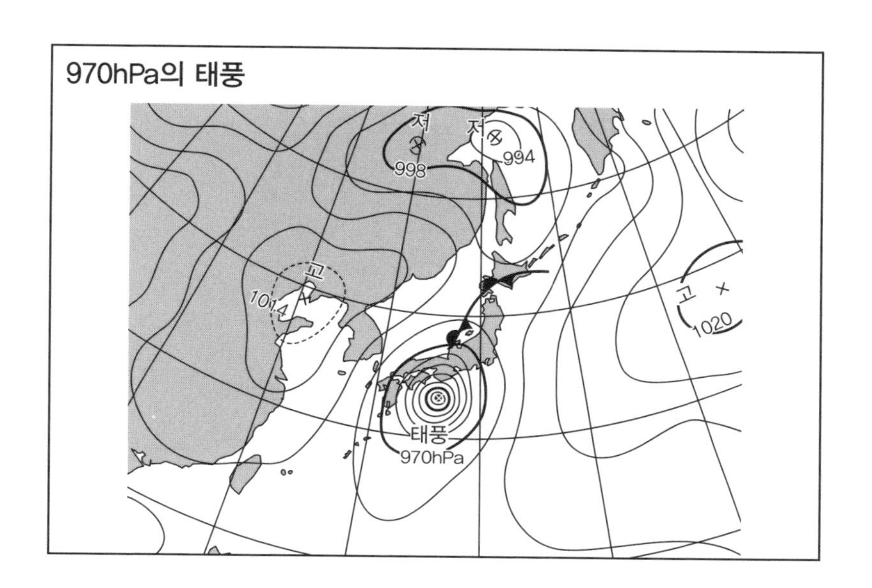

헥토파스칼[hPa]외에는 면적을 나타내는 단위인 헥타르[ha] 정도입니다.

mmHg

혈압측정 때 신세를 졌습니다!

Atm	읽는 법 : 아톰 표준기압 atmospherebar 재는 것 : 압력 정의 : 101 325Pa
mmHg	읽는 법 : 수은주밀리미터 millimeter of mercury 재는 것 : 압력 정의 : (101325/760)Pa

◆압력의 단위는 많이 있다!

먼저 「파스칼」 항에서 「1기압」이라는 표현이 나왔었습니다. 1기압을 1아톰[atm]으로 표시할 수 있습니다. 「원자」나 철완아톰의 「아톰」이 아니라 「대기 atomosphere」의 「아톰」입니다.

압력을 표시하는 단위는 그 외에도 많이 있습니다. 예를 들면 혈압을 잴 때 「최고 140 최저 90」이라고 합니다. 단위를 붙이지 않고 수치만 신경 쓰는 분이 많으실지도 모르겠습니다만, 여기에 어떤 단위가 쓰이는지는 알고 계십니까?

◆토리첼리의 실험

이탈리아의 물리학자 토리첼리(1608~1647년)가 한 유명한 실험이 있습니다. 수은을 가득채운 유리관을 수은을 가득채운 접시에 세웁니다. 이때 유리관의 중앙의 수은은 접시의 수은면에서 약 760mm 높이까지밖에 닿지 못합니다. 이것은 수은주가 수은면을 누르는 압력과 대기압이 딱 맞아떨어졌기 때문입니다.

이 현상을 이용해서 압력을 그와 딱 맞는 수은주의 높이로 표시하는

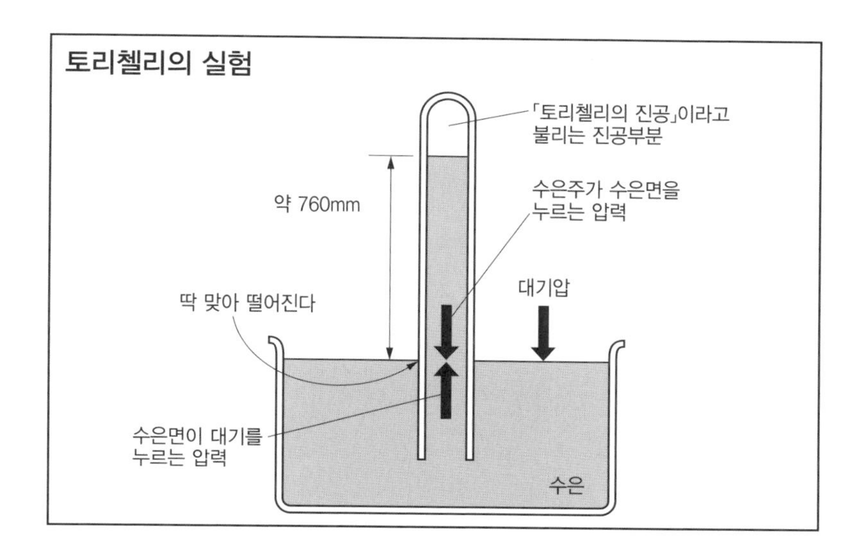

방법이 있습니다. 이때에 사용하는 단위가 「수은주밀리미터」. 수은의 원소기호Hg를 사용해서 [mmHg]로 표시합니다. 또한 토리첼리에서 따온 토르[Torr]라는 단위도 사용합니다(같은 단위의 별명).

혈압의 단위는 관습적으로 [mmHg]가 자주 쓰입니다. 최근에는 전자혈압계가 늘어났습니다만 예전에는 의사가 환자의 팔에 완장처럼 생긴 것을 두르고 펌프로 공기를 집어넣어 수은주를 보고 있었습니다.

마지막으로 [atm], [mmHg], [hPa], [mbar]의 관계를 나타내 보겠습니다.

1atm = 760mmHg = 1013.25hPa =1013.25mbar

줄

국제단위계의 에너지와 일의 단위

J	읽는 법 : 줄 joule　재는 것 : 일, 에너지 정의 : 1 N의 힘이 그 힘의 방향으로 물체를 1m움직이는 일 비고 : 1J = 1Ws(와트초)
Cal	읽는 법 : 칼로리 calorie　재는 것 : 열, 열량　정의 : 4.184J(계량법) 비고 : 「사람 혹은 동물이 취득한 물체의 열량 또는 대사에 의해 소비되는 열량의 계량」에 한정되어 사용한다(계량법)

◆짐을 들어 올려 봅시다.

지면에 놓여있는 짐은 그 질량과 중력가속도의 곱으로 같은 힘(중력)으로 지면에 달라붙어 있습니다. 이 짐을 들어올리기 위해서는 이 힘에 버금가는 힘이 필요해 집니다.

그러면 이 짐을 1m 높이까지 들어 올리는 것과 2m의 높이까지 들어 올리는 것은 어느 것이 많은 일을 한 것일까요? 당연히 2m입니다. 다시 말해 「일」이나 「에너지」를 생각해볼 때에는 「힘」과 「거리」가 관련되어 있다는 것을 알 수 있습니다.

일, 에너지의 단위는 줄[J]입니다. 영국의 물리학자, 제임스 프레스캇 줄(1818~1889년)에서 유래했습니다.

「일」의 크기는 「힘」과 「거리」의 곱으로 구하기 때문에 [J]는 [N · m], 더 길게 쓰자면 [kg · m^2/s^2]가 됩니다.

또한 1W와 1s(초)의 곱, 여기에 1C와 1V의 곱도 1J이 됩니다(쿨롱은 P.163, 볼트는 P.164를 참조).

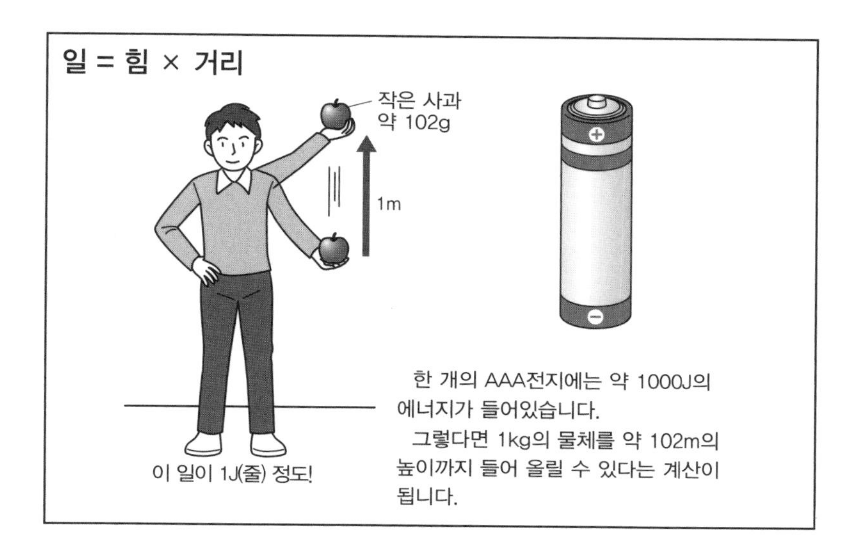

◆스마트폰을 들어 올려 봅시다!

이야기가 어려워지니 예를 들어보겠습니다.

예를 들면 제 스마트폰의 질량은 약 146g입니다. 이것을 1m 들어 올리는 일은 약 1.43J가 됩니다. 혹시 102g의 스마트폰이라면 1m들어 올렸을 때의 일은 약 1J이 됩니다.

그러나 그런 말을 들어도 줄 같은 단위는 일상생활에서는 잘 눈에 띄지 않습니다. 식당메뉴에 쓰여 있는 에너지 표시는 다른 단위가 사용되고 있습니다. 체형에 신경을 쓰시는 분이라면 친숙한「칼로리」입니다.

◆열량과 에너지의 일종

식당에서 자주 보이는 것은 킬로칼로리 [kcal]입니다(k는 1000배를 나타냅니다). 칼로리 [cal]은 열량의 단위로 라틴어의 calor(열)에서 유래했습니다. 예를 들면 6등분 식빵 1장이면 약 170kcal. 밥그릇 1그릇의 밥(약 150g)이라면 약 250kcal입니다.

열량도 에너지의 일종이기 때문에 국제단위계의 줄을 사용해야 합니다. 칼로리는 국제단위계의 병용단위조차 아닙니다.

1칼로리는 대강 말하자면 1g의 물을 1℃올리는데 필요한 열량입니다. 물과 밀접한 관련이 있어 우리 입장에서는 굉장히 알기 쉽기 때문에 일본의 계량법※에서는 사용하는 곳을 한정해서 사용해도 좋다고 인정하고 있습니다.

◆대 · 소의 칼로리가 있다?

그러면 칼로리의 무엇이 잘못일까요?

실은 물의 온도를 1℃올리는데 필요한 열량은 물의 온도에 따라 달라집니다. 다시 말해 15℃의 물을 16℃로 올릴 때와 30℃의 물을 31℃로 올릴 때는 약간이지만 필요한 열량이 다릅니다.

따라서 계량법에서는 칼로리와 줄의 관계로 정의하고 있습니다. 칼로리를 사용하는 경우에는 1칼로리에 해당하는 줄의 값을 부기할 필요가 있습니다.

1cal = 4.184J(정확히)

마지막으로 한 가지 주의해야 하는 사용법을 알려드리겠습니다.

지금은 그다지 보이지 않습니다만, 주로 영양학에서 사용하는 단위로 [Cal]이라고 하는 표기가 있습니다. 이것도 [칼로리]라고 읽습니다만, 이쪽은 킬로칼로리[kcal]와 동일한 의미입니다. [cal]와는 대문자 · 소문자가 다를 뿐이므로 주의가 필요합니다. 구별할 때는 [Cal]을

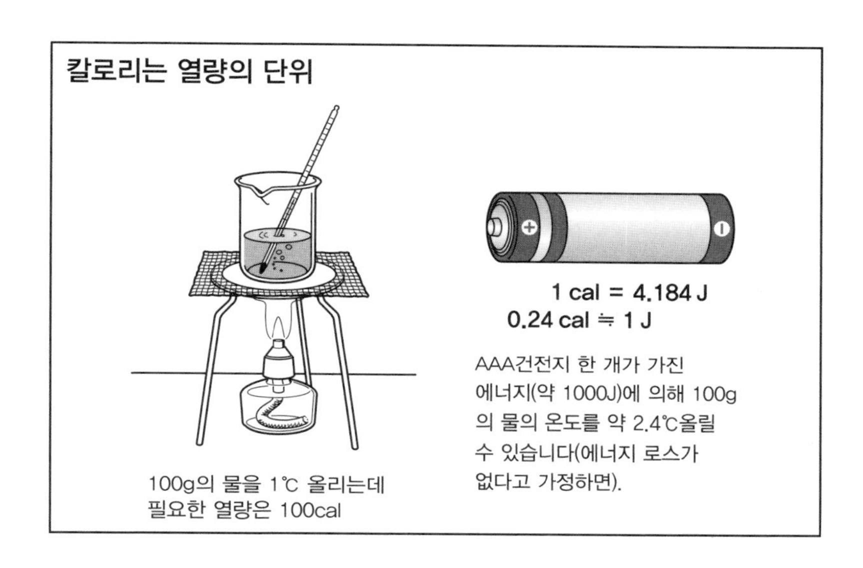

「대 칼로리」, [cal]을「소 칼로리」라고 부릅니다.

와트, 마력

일률의 단위

PS	읽는 법 : 프랑스 마력 horse power　재는 것 : 일률, 공률 정의 : 75kgf · m/s　735.5W(정확히, 일본) 비고 : 표준적인 짐말 한 마리의 일률
W	읽는 법 : 와트 watt 재는 것 : 일률, 공률, 전력 정의 : 1초간의 1J

◆대형 트럭이나 대형 버스는 250~600마력

「일률」이란 단위시간 동안 어느 정도의 「일」이 가능한지를 나타냅니다. 증기기관의 개량으로 유명한 영국의 기술자 · 발명가 제임스 와트(1736~1819년)는 증기기관의 능력을 말의 능력과 비교하는 것을 생각해 냈습니다. 그렇게 하면 일반인들에게도 알기 쉬울 것이라고 생각했습니다.

와트는 말이 단속적으로 짐을 끌 때의 일률에서 「1마력」을 산출해냈습니다. 구체적으로는 「1초간에 550중량 파운드의 중량을 1피트 움직일 때의 일률」로 이것이 영국 마력[HP]입니다.

이것과는 별도로 미터법을 이용한 프랑스 마력[PS]가 있습니다.(정의 등은 위의 상자를 참조). 양쪽 모두 국제단위계의 단위는 아닙니다만 일본에서는 특수용도에 한정하여 프랑스 마력의 사용이 법적으로 인정받고 있습니다.

참고로 인간의 「마력」은 0.2~0.3마력 정도이며 우주소년 아톰은 10만 마력이라고 합니다.

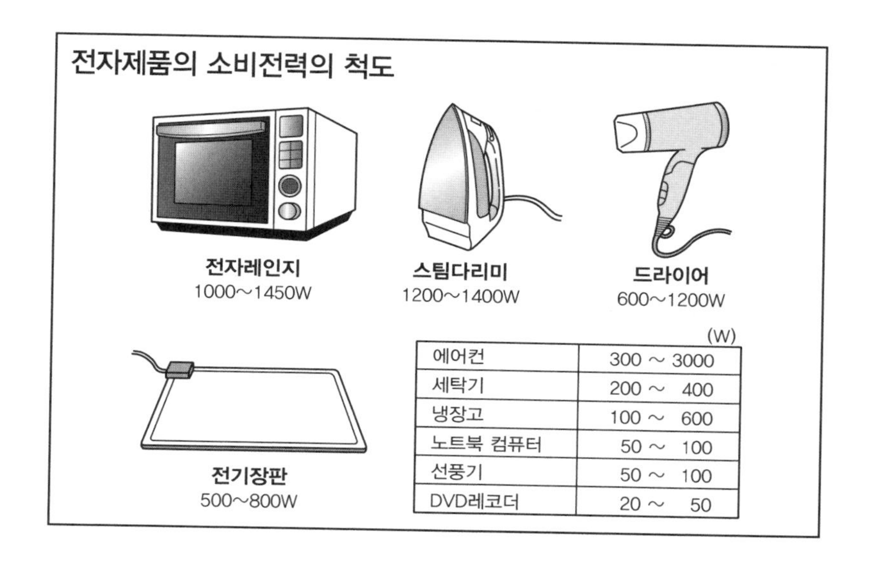

◆일률, 전력의 단위는 와트

국제단위계의 일의 단위는 줄[J], 시간의 단위는 초[s]이니 일률의 단위는 [J/s]가 됩니다. 이것에 와트[W]라는 이름과 기호를 부여하고 있습니다. 마력이라는 단위를 발명한 와트의 이름이 일률의 단위 명에 채용된 것입니다.

먼저 영국 마력, 프랑스 마력을 와트[W]로 나타내면 다음과 같아집니다.

영국 마력 1HP = 745.699 871 582 270 22W

프랑스 마력 1PS = 735.5W(일본에서의 정의)

와트는 전력의 단위로서도 사용됩니다. 위에 각종 가전제품의 소비전력을 소개하고 있습니다.

진도

지진의 강약의 정도를 나타내는 척도

진도 seismic intensity
어느 지점에 대한 지진동의 강약의 정도를 나타내는 수치
계급이 있지만 단위는 아니다.

◆일본의 독자적인 진도계급은 10단계!

일본은 지진의 나라입니다. 지진의 흔들림의 강약을 나타내기 위해서 「기상청 진도계급」이라는 독자적인 척도를 사용하고 있습니다. TV나 라디오에서 단순히 「진도」라고 말할 경우에는 이것을 말합니다.

우측 페이지에 나타났듯이 진도는 10계급으로 분류되어 있습니다. 진도 5와 6에 각각 「약」과 「강」이 붙게 된 것은 1996년의 일입니다. 체감이나 피해상황에 따라서 판정했던 것을 진도계에 의한 관측으로 완전 이행한 것도 같은 시기입니다.

진도에는 「진도 3.5」와 같은 소수점은 없습니다. 또한 진도 7이 최대의 계급입니다. 진도 8이나 9는 존재하지 않습니다.

당연한 말입니다만 같은 지진에도 장소에 따라 흔들림의 크기나 체감이 다릅니다. 그래서 뉴스 등에서 「진도 3이 관측된 지역은 ○○, ××, ……, 진도 2가 관측된 지역은 □□, △△, ……」이런 식으로 지명을 열거하는 것입니다.

기상청 진도계급

진도	상태
0	사람이 흔들림을 느낄 수 없다.
1	집안에 있는 사람 중 일부가 약간의 흔들림을 느낀다.
2	집안에 있는 사람의 대다수가 흔들림을 느낀다. 자고 있는 사람의 일부가 눈을 뜬다.
3	집안에 있는 사람의 대부분이 흔들림을 느낀다. 공포감을 느끼는 사람도 있다.
4	상당한 공포감이 있고 일부 사람은 안전한 곳으로 피한다. 자고 있는 사람의 대부분이 눈을 뜬다.
5약	많은 사람이 피난한다. 일부는 행동에 지장을 느낀다.
5강	굉장히 공포를 느낀다. 행동에 지장을 느낀다.
6약	서 있는 것이 곤란해진다.
6강	서 있을 수 없고 기지 않으면 움직일 수 없다.
7	흔들림에 삼켜져 자신의 의지로 행동할 수 없다.

(소방청 HP에서)

매그니튜드

지진의 에너지 규모를 나타낸다

M	읽는 법 : 매그니튜드 magnitude 재는 것 : 지진의 에너지 규모를 나타내는 척도 비고 : 복수의 산출방법이 있으며 모두 상용대수가 사용되고 있다. 지진의 규모가 1000배가 되면 매그니튜드는 2 커진다.

◆리히터 스케일이라고?

지진이 일어날 때의 진도는 진원지에서의 거리나 지반의 상태 등의 요인으로 지역별로 다릅니다. 따라서 지진 그 자체의 규모를 나타내는 데는 진도와는 별개의 척도가 필요합니다. 이것이 「매그니튜드」라고 불리는 것입니다.

매그니튜드를 고안한 것은 미국의 지진학자 C.F.리히터(1900~1985년)입니다. 영어권에서는 「매그니튜드」라고 하지 않고 「리히터 스케일」이라고 부르는 것이 일반적입니다.

◆지진의 규모가 1000배가 되면?

리히터의 매그니튜드는 「진앙(진원의 중앙지표)에서 100km 떨어진 곳에 설치되어 있는 특정한 지진계에 기록된 최대진폭을 마이크로미터(1000분의 1밀리미터)의 단위로 나타내는 수치를 상용대수※」로 쓰고 있습니다.

이후, 지진의 에너지 규모를 잘 표현하기 위해서 연구를 거듭하여 지금은 여러 종류의 매그니튜드가 존재하며 병용되고 있습니다.

일본에서 자주 볼 수 있는 것은 기상청 매그니튜드(기호는 *Mj*, 단위는 *M*으로 표기되어 있는 경우가 많다)와 모멘토 매그니튜드(*Mw*)

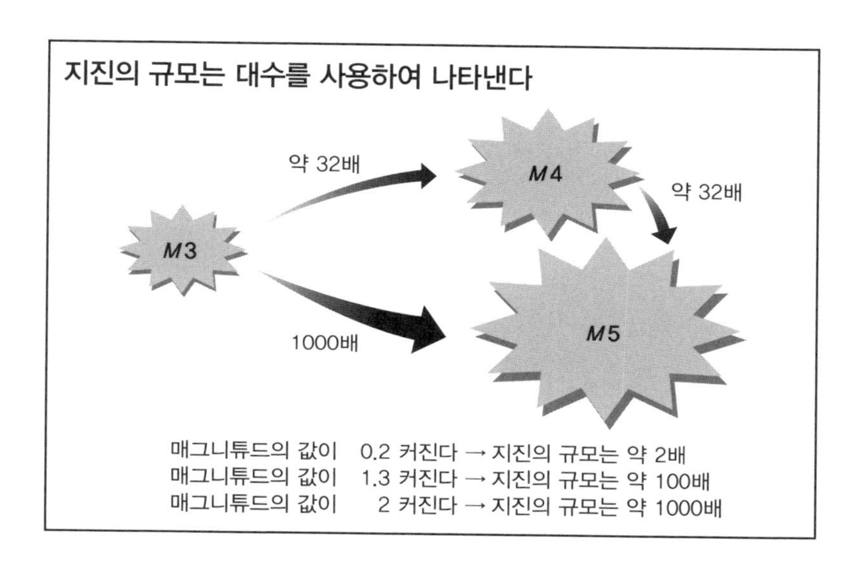

일 것입니다. *Mj*나 *Mw*등은 지진의 에너지 규모가 1000배가 되면 매그니튜드의 값이 2 커지게 되는 관계가 있습니다. 토호쿠 지방 태평양 연안 지진의 경우는 *Mw* 9.0으로 일본관측 사상 최대의 규모의 지진이었습니다. 이것은 다이쇼 관동지진(1923년 *Mj*7.9)의 약 45배, 효고현 남부지진(고베 대지진 1995년, *Mw* 6.9)의 약 1410배의 에너지에 해당됩니다.

조수사 5　책을 세는 법

◆book은 「1本, 2本」 이렇게 세지 않는다!(역주 : 일본어로 책은 本)

지금부터의 이야기는 이야기가 복잡해지기 때문에 물체로서의 책을 book이라고 쓰겠습니다(역주 : 일본에서 책은 本이라고 씁니다. 이는 조수사 4(P.134)에서 등장한 단위 本과 동일하기 때문에 일본어로는 혼동을 줄 수 있습니다).

Book은 일반적으로 막대모양이 아닙니다. Book안의 내용을 「本」으로 세는 경우는 있지만 book자체를 「本」으로 셀 경우에는 위화감이 있습니다.

Book을 「1本､2本」으로 세지 않고 왜 「1책(册), 2책(册)」이라고 세는 것일까요?

◆「册」에서 「권(巻)」로

종이가 귀중했던 시대에는 목간에 필요사항을 적어두었습니다. 하나의 내용이 한 개의 목간에 다쓰지 못할 경우에는 여러 개의 목간을 사용하는 경우도 있었습니다. 너덜너덜해 지지 않도록 그것을 끈으로 묶었습니다. 이것이 서적의 원형입니다. 이 모습, 그야 말로 한자 「册」. 그러므로 book은 「책」으로 세는 것입니다.

연결된 목간이 길어지자 들고 옮기기가 불편했습니다. 그럴 때는 「말아서(券)」 옮겼습니다. 「1 권, 2권」이라는 세는 방법은 여기서 유래했습니다.

제6장

전기 · 자기 · 빛 · 소리 등

전구의 밝기를 나타낼 때 이용하고 있는
전력의 단위 와트[W]는 LED전구의 보급과 함께
광속의 단위 [lm]으로 바뀌게 되었습니다.
단위는 살아가는 데 필요한 도구로
항상 모습을 바꿔가고 있습니다.

암페어

전기에 관한 SI기본단위

A	읽는 법 : 암페어 : ampere　재는 것 : 전류 정의 : 진공 중에서 1m 간격으로 평행하게 놓인, 무한히 작은 원형단면적을 갖는 무한히 긴 두 직선 도체에 각각 흘러서, 도체의 길이 1m마다 2×10^{-7}N의 힘을 미치는 일정한 전류

C	읽는 법 : 쿨롱 coulomb 재는 것 : 전기량, 부하 정의 : 1초간 1A의 직류 전류에 의해 운반되는 전기량

암페어 [A]는 미터 [m]나 킬로그램[kg]과 마찬가지로 일곱 가지의 국제단위계의 기본단위 중 하나입니다.

암페어 [A], 볼트[V], 옴[Ω] 등의 전기관련 단위는 중학교에서 전체적으로 배우지만 아무래도 잘 알기 힘들다는 분도 많이 계시지 않으신가요? 읽어봐야 머리가 아파질지도 모릅니다만 우선은 「전류」의 개념부터 이야기 하겠습니다.

원자핵의 주변을 전자가 돌고 있다는 건 알고 계시지요. 전자는 마이너스의 전기를 띠고 있습니다만. 궤도를 벗어나 이동하는 일도 있습니다(자유전자). 전자가 이동하는 상황을 우리들은 일반적으로 「전기가 흐른다」라고 합니다.

물론 일정한 시간에 많은 전기가 흐르는 일도 있고 조금 흐르는 일도 있습니다. 그 양을 수치로 나타낸 것이 「전류」입니다.

국제단위계에서는 시간의 단위에 기본단위로 초[s]를 사용합니다. 따라서 「전류」란 다음과 같아집니다.

어떤 단면을 1초간 통과하는 전기량(전하)

물의 흐름으로 비유하자면 1초간 흐르는 물의 양에 해당합니다.

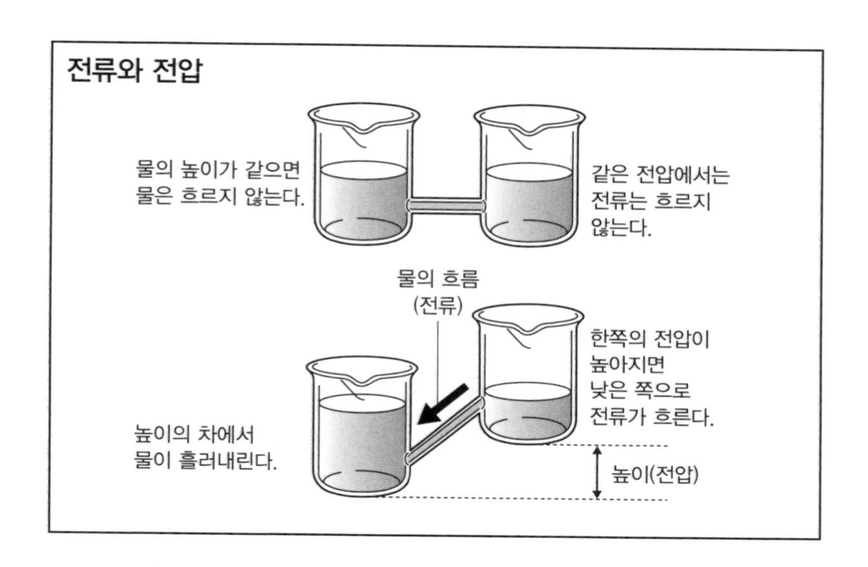

◆전기량을 보존하는 것은 어렵다

그러므로 일정시간 동안 흐르는 전기량을 구해서 걸린 시간(초)로 나누면 이것이 「전류」가 됩니다.

이 생각을 바탕으로 한다면 본래라면 전기량을 정의하고 나서 전류를 정의하는 편이 좋을 것입니다.

또한 그렇게 해야 합니다.

그런데 물체에 담긴 전기량을 보존하는 것은 간단하지 않습니다. 마찰로 일으킨 정전기 같은 것은 금방 사라지고 맙니다. 발전소에서는 기본적으로 그때에 필요한 만큼의 전기만을 발전하고 있습니다. 전기량의 정밀도가 높은 측정은 어렵기 때문에 먼저 「전류」를 정의했습니다.

◆전류에서 전기량을 정의한다?!

그러면 어떻게 해서 「전류」를 정의할까요?

도선에 전류를 흘리면 그곳에 자계가 발생합니다(우측 페이지의 그림. 이것은 「오른나사의 법칙」으로 유명합니다). 또한 늘어서 있는 두 개의 도선에 전류를 흘려보내 도선간의 인력, 혹은 반발력이 발생합니다(전류간의 상호작용).

이 현상을 이용해서 전류의 단위 암페어[A]를 정의합니다. 맨 처음에 있던 박스 안에서의 정의처럼 2개의 도선의 간격, 도선의 두께, 일하는 힘의 값 등이 엄밀히 정의되어 있습니다.

오른나사의 법칙이나 전류간의 상호작용은 프랑스의 물리학자 암페르(1775~1836년)가 발견했습니다. 벌써 알고 계시리라 생각합니다만, 전류의 단위 암페어[A]는 그의 이름에서 따온 것입니다.

◆전기량의 단위, 쿨롱

전류의 단위가 정의되었다면 거기서 전기량의 단위를 정의할 수 있습니다. 전류가 1암페어[A]일 때, 1초간 흐르는 전기량을 1쿨롱[C]로 합니다. 쿨롱[C]은 프랑스의 물리학자 쿨롱(1736~1806년)에서 유래하였습니다.

그러면 현재의 암페어의 정의가 국제도량형총회에서 정식으로 승인된 것은 1954년의 일입니다. 이미 반세기 이상이 지났습니다. 그 사이 과학기술이 발달하여 양자 1개가 갖는 전하(전기소량e)을 지금까지 이상의 정밀도로 나타낼 수 있게 되었습니다. 가까운 미래에 암페어의 정의는 「전류간의 상호작용」을 이용하지 않는 형태로 변경되리라 생각합니다.

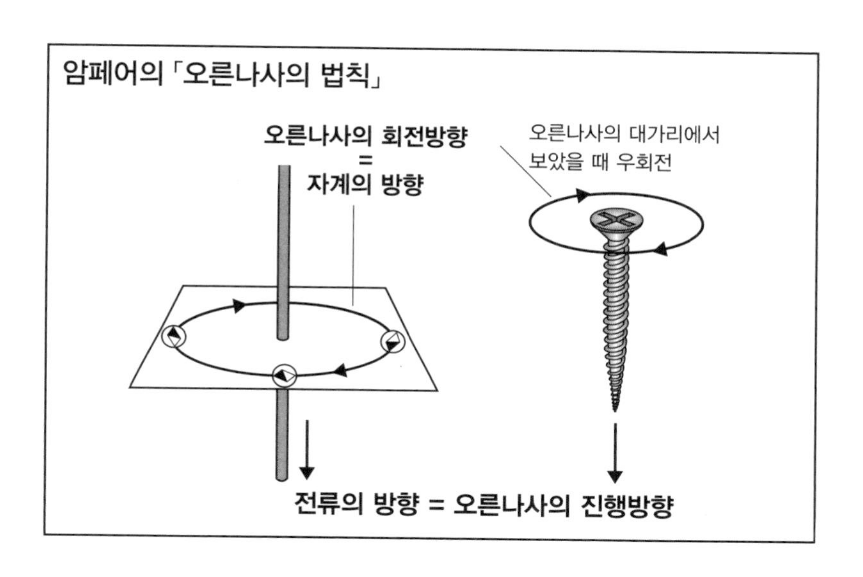
암페어의 「오른나사의 법칙」
오른나사의 회전방향
=
자계의 방향
오른나사의 대가리에서
보았을 때 우회전
전류의 방향 = 오른나사의 진행방향

볼트

전류를 흐르게 하는 힘

V	읽는 법 : 볼트 volt 재는 것 : 전압, 전위차, 기전력 정의 : 1A의 전류가 흐르는 도체의 두 점간에 있어 소비되는 전력이 1W일 때, 그 두 점간의 전압

Ω	읽는 법 : 옴 ohm 재는 것 : 전기저항 정의 : 1A의 직류 전류가 흐르는 도체의 두 점간의 전압이 1V일 때 그 두 점의 전기저항

◆브레이커가 떨어졌다!

전압이란 간단히 말하자면「전류를 흐르게 하는 힘」입니다. 단위는 볼트 [V]. 이탈리아의 물리학자 볼타(1745~1827년)에서 유래했습니다.

전력 P와 전압 E, 전류 I 의 사이에는

$$P = E \times I$$

의 관계가 있습니다. 전압은 이 관계를 이용해서 전력과 전류에서 정의되어 있습니다.

일본에는 가정용 전압은 통상 100V입니다(역주 : 한국은 220V). 이 값은 꼭 기억해 두십시오.

난방을 위해서 1500W의 석유 히터를 사용하면 흐르는 전류는 1500W ÷ 100V = 15A라는 계산이 나옵니다. 난방이 잘 돌아간 방에서 다리미질을 할 때가 있습니다. 1200W의 스팀다리미에 흐르는 전류는 12A입니다. 15A와 12A로 합계 27A. 가정용 분전반의 일반적인 차단기로는 안전을 위해 20A를 넘으면 차단되게 설계되어 있으므로 같은 회로에 연결되어 있는 콘센트에 이 두 개의 기구가 꽂혀 있으면 차단기가 떨어질 가능성이 있습니다.

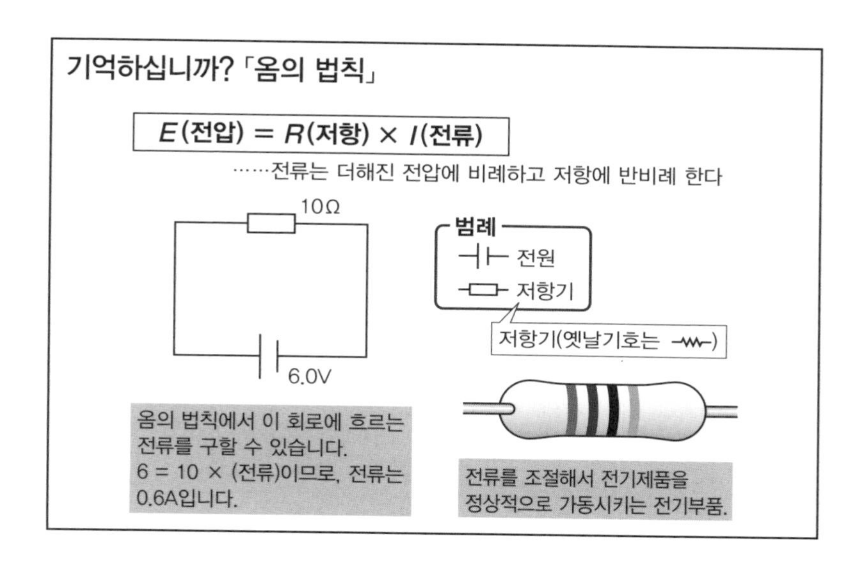

◆옴의 법칙

바늘의 양 끝에 전압을 가하면 바늘에 전류가 흐릅니다. 이때 전압을 전류로 나눈 값은 그 바늘 고유의「(전기)저항」이라고 부릅니다.

전압은 E, 전류는 I, 저항은 R로 하면 이들의 관계는 $E = R \times I$로 나타납니다. 이것이「옴의 법칙」이라고 불리는 것입니다.

저항의 단위 옴[Ω]은 이 법칙을 사용하여 정의하고 있습니다. 단위명은 독일의 물리학자 옴(1789~1854년)에서 유래했습니다(참조 P.51).

테슬라

자석의 강도를 나타내는 단위

Wb 읽는 법 : 웨버 weber　재는 것 : 자속(磁束)
정의 : 한 번 감은 폐회로에 1V의 기전력을 발생시키는데 필요한 1초간의 자기력선속의 변화량

T 읽는 법 : 테슬라 tesla
재는 것 : 자속 밀도, 자기유도
정의 : 자기력선속의 방향에 수직인 면 $1m^2$에 대해 1Wb의 자기력선속 밀도

◆막대자석에 쇳가루를 뿌리면……?

자석을 붙였다 떼었다 하면서 놀다보면 자석에는 자력이 강한 것과 약한 것이 있다는 것을 알 수 있으실 겁니다.

자력은 N극에서 S극을 향하는 가상의 선(자력선)으로 표현됩니다(오른쪽 페이지 그림을 참조). 대담하게 말하자면 이 자력선의 묶음이 「자속」이라고 부를 수 있습니다. 이러한 자속의 강도를 나타내는 것이 자속의 단위 웨버(Wb)입니다. 단위명은 독일의 물리학자 웨버(1804~1891년)에서 유래했습니다.

코일(철사 같은 가느다란 것을 감은 것)에 자석을 가까이 대었다 멀리 떼었다 해 보면 코일에 전압이 발생합니다(자석유도). 웨버는 이 현상을 사용해 정의합니다.

◆MRI의 성능은?

여러분은 병원에서 MRI(자기공명영상)로 검사를 받아보신 일이 있으신가요? 그 장치에는 자석이 쓰이고 있습니다. MRI의 성능의 척도로 쓰이는 것이 자속밀도의 단위 테슬라[T]입니다.

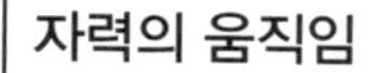

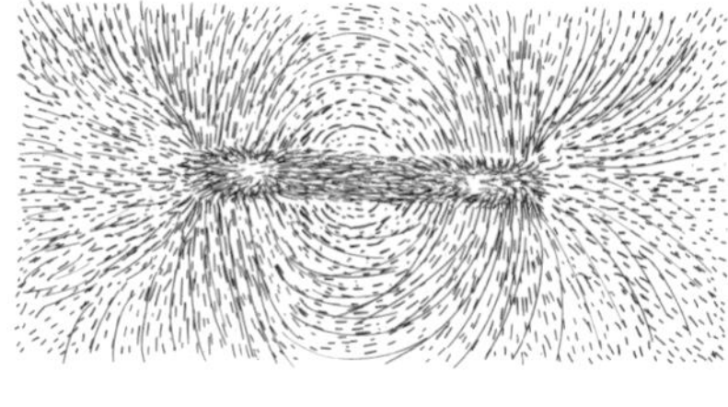

자력선
막대자석의 주변에 쇳가루를 뿌려두면 자석의 힘이 작용하는 모양이 선모양으로 보인다.

MRI
(Magnetic Resonance Imaging)
많은 병원에서는 0.5~3T의 초전도 자석을 사용해서 체내의 상태를 영상화 합니다.

자속밀도란 말 그대로 단위면적당 자속입니다. [Wb/m^2]에 테슬라[T]라는 명칭과 기호가 부여되었습니다. 테슬라는 일반적으로「자석의 세기」를 나타내는 단위로 사용되고 있습니다. 단위명은 미국의 전기공학자 니콜라 테슬라(1857~1943년)에서 유래했습니다.

「자속밀도의 단위라고 하면 가우스가 아니야?」라는 분도 계실지도 모르겠습니다. 현재 자속밀도의 단위는 테슬라로 통일되어 있습니다.

가우스[G]와 테슬라[T]는 10000G = 1T라는 관계가 성립됩니다.

pH

산성인지 중성인지 염기성인지?

pH	읽는 법 : 피에이치, 페어 power of hydrogen 재는 것 : 수소이온 지수 정의 : [mol/L]로 나타낸 수소이온의 농도의 값에 활성도 계수를 곱한 값의 역수의 상용대수 비고 : 물질의 산성, 염기성의 상태를 표시

◆페어? 피에이치?

액체나 토양 등의 산성 · 염기성의 정도를 나타낼 때에 pH가 쓰입니다. 저는 고등학교에서 독일어로 읽는「페어」로 익혔습니다만 일본의 계량법에서는「피엣찌」로 쓰여 있는 것이 있습니다. 그러나 H를「엣찌」로 읽는 것은 상당히 저항이 있습니다(역주 : 일본에서는 야하다는 것을 헨타이(変態)의 머리글자를 따서 엣찌(H)라고 돌려 말하는 경향이 있다).「피에이치」로 수정해 주셨으면 합니다.

pH는 수용액 중의 수소이온의 농도를 사용해서 산성, 염기성의 상태를 나타내는 것입니다. 1909년, 덴마크의 생화학자, 쇠렌센(1868~1939년)에 의해 고안되었습니다. pH의 H는 수소의 원소기호 H입니다.

초등학교 시절 리트머스 시험지를 사용해서 산성인지 중성인지 염기성인지를 가리는 실험을 했었지요? pH를 사용하면 이것을 수치로 나타낼 수 있습니다. pH가 7이면 중성. 7보다 작으면 산성, 7보다 크면 염기성입니다. 수치가 7에서 멀어질수록, 산성 · 염기성이 강해진다는 것을 의미합니다.

◆인간의 혈액의 pH는7.4 정도

「피에이치」를 구하는 법을 간단히 설명하겠습니다.

우선은 수용액 1리터 중에 수소 이온이 얼마나 있는지를 몰[mol](P.192)라는 단위로 나타냅니다. 이 수치를 10의 거듭제곱※의 형태로 표시하여 지수※에서 마이너스 부호를 뺀 수치가 pH입니다.

예를 들면 1리터 속에 0.0001몰의 수소이온이 있는 경우는 $0.0001mol/L = 10^{-4}mol/L$이기 때문에 지수는 −4. 따라서 pH는 4. 이것은 약한 산성입니다.

퍼센트, ppm

비율을 나타내는 단위

%	읽는 법 : 퍼센트 percent 재는 것 : 분율 정의 : 어느 수 또는 양이 전체 중 백분의 어느 정도를 차지하는지를 나타내는 비율량. 백분율

ppm	읽는 법 : 피피엠 ppm 재는 것 : 분율 정의 : 100만분의 어느 정도 비율인지를 나타내는 비율량. 백만분율 비고 : 주로 농도에 쓰인다

◆항상 기준으로 삼는 양을 의식해서 사용한다

어느 수량을 100등분 하여 그 중에 어느 정도인지를 나타낼 때에 사용되는 것이 퍼센트[%]입니다. 100등분하기 때문에「백분율」이라고도 합니다.

퍼센트는 다른 단위와는 좀 차이가 잇습니다. 예를 들면「30m」라고 하면 우리들은「무언가의 길이」라고 상상할 수 있습니다. 그러나 30% 만으로는 그것이 무엇을 나타내는지 알 수가 없습니다.「ㅇㅇ의 30%」라고 하듯이 기준이 되는 것을 반드시 표시해야 할 필요가 있습니다.

초등학교, 중학교에서「소금물 계산」문제가 정말 싫었던 분도 계실 것입니다. 5%의 식염수라고 하면 식염수 전체의 질량 중 5%가 식염이라는 것입니다(물은 식염수의 95%). 물 100에 대해 식염이 5인 것이 아닙니다. 거기에 걸린 학생은 적지 않습니다.

◆「퍼밀」을 알고 계십니까?

[%]와 비슷한 기호로 [‰]이 있습니다. 이것은「천분율」의 기호로「퍼밀」이라고 읽습니다. 1000분의 어느 정도를 나타내는지에 사용됩니다.

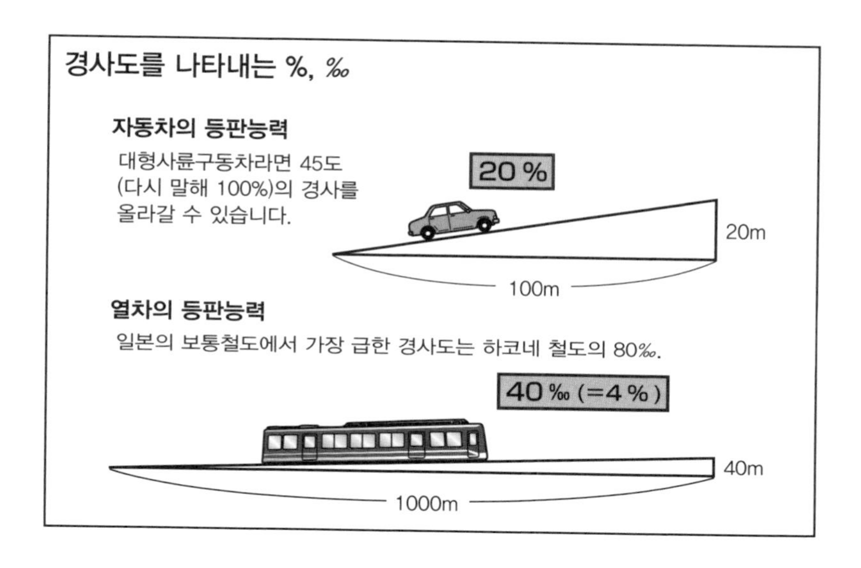

철도의 선로, 터널, 용수로 등의 경사도를 나타낼 때에 자주 쓰입니다.

그 외에 백만분율[ppm]도 있습니다. parts per million의 머리글자를 따서 [ppm]. 대기 중의 오염물질의 농도를 나타낼 때에 쓰입니다.

더 작은 비율을 나타내는 것도 있습니다.

백만분율 ppm 1ppm = 0.000 001

십억분율 ppb 1ppb = 0.000 000 001

일조분율 ppt 1ppt = 0.000 000 000 001

천조분율 ppq 1ppq = 0.000 000 000 000 001

칸델라

밝기를 나타내는 SI기본단위

cd	읽는 법 : 칸델라 candela　재는 것 : 광도 정의 : 주파수 540 × 10^{12}Hz의 단색방사를 방출하여 소정의 방향에 대해 방사강도가 (1/683) W/sr(와트 당 스테라디안)인 광원의 그 방향에 대한 광도
lm	읽는 법 : 루멘 lumen　재는 것 : 광속(光束) 정의 : 1cd(칸델라)의 광원에서 1sr(스테라디안)내에 방사되는 광속
lx	읽는 법 : 럭스 lux　재는 것 : 조도 정의 : 1m^2의 면이 1lm(루멘)의 광속으로 일정하게 비춰지고 있는 조도

◆양초 1개분의 밝기

빛을 발하는 물체를 「광원」이라고 부릅니다. 이 광원에서 어떤 방향을 향하는 빛의 세기를 「광도」라고 합니다.

현재 국제단위계 SI의 광도의 단위는 칸델라[cd]입니다. 1960년에 SI기본단위의 일원이 되었습니다.

「칸델라」는 「캔들(양초)」와 닮아있습니다. 이것은 「(수지)양초」라는 의미의 라틴어에서 유래했습니다.

옛날 일본에는 영국에서도 사용하던 「촉」이라는 단위가 있었습니다(편집자주 : 한국도 예전에 사용했다). 엄밀한 정의는 제대로 있습니다만 「양초 1개 분량의 광도」에서 유래한 단위입니다. 「촉」은 백열전구의 광도를 나타내는 데 사용되었습니다.

◆차의 헤드라이트에도 칸델라로!

1칸델라는 1촉을 계승하는 단위입니다. 따라서 1칸델라는 예전 얇은 양초 1개분의 광도였다고 생각하면 좋을 것입니다. 엄밀히는 구하는

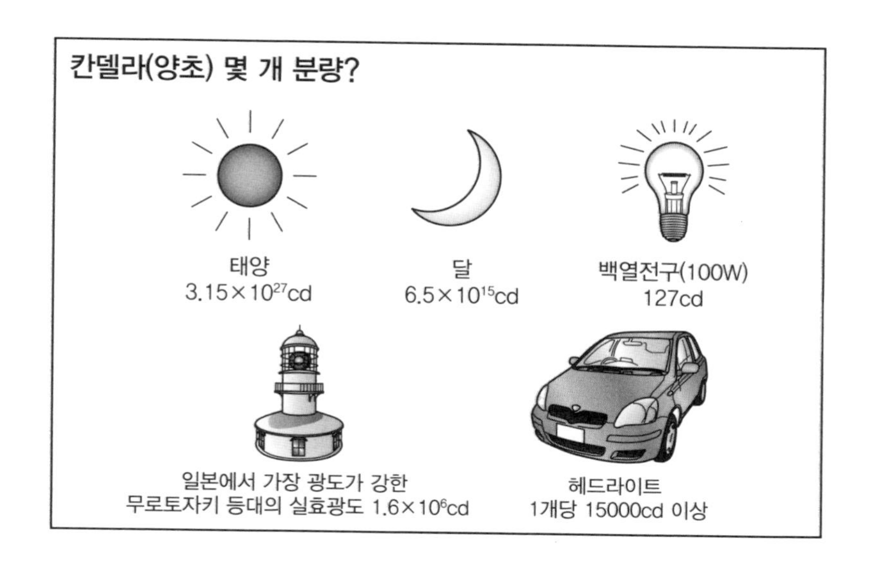

데 몇 가지 정의가 변경되어 현재의 정의로 바뀐 것은 1979년입니다.

정의에 등장하는 「540×10^{12}Hz」라는 것은 인간의 눈의 감도가 최대가 되는 주파수(파장은 약 550nm)입니다.

자동차의 헤드라이트의 광도는 칸델라를 사용해서 너무 밝지 않도록 또한 너무 어둡지 않도록 규제하고 있습니다. 또한 등대의 광도를 나타낼 때에도 칸델라가 이용됩니다.

◆들은 적도 없는 단위 루멘

백열전구의 밝기를 나타내는 데에 「촉」이 사용되었다고 말씀드렸습니다만 그 후에는 소비전력인 와트[W]가 사용되었습니다.

최근에는 백열전구 자체가 거의 LED전구로 바뀌어 가고 있습니다. LED 전구는 백열전구에 비해 소비전력이 낮기 때문에 그 밝기를 백열전구와 동일한 와트로 비교할 수는 없습니다. 애초에 와트는 밝기의 단위도 아닙니다.

거기서 LED 전구에는「광속」의 단위 루멘[lm]을 사용하여 나타내게 되었습니다. 이런 단위LED전구가 보급될 때까지는 들어본 적도 없는 분이 많지 않으셨습니까?

필요 루멘 (이상)	170lm 이상	325lm 이상	485lm 이상	640lm 이상	810lm 이상	1160lm 이상	1520lm 이상
상당전구	전구 20W형 상당	전구 30W형 상당	전구 40W형 상당	전구 50W형 상당	전구 60W형 상당	전구 80W형 상당	전구 100W형 상당

「광속」이란 광원에서 어느 방향으로 방사된 빛의 양을 나타냅니다. 그「어느 방향」이라는 것이 정의가 되는「1스테라디안 내의」로 표시됩니다.

LED전구의 경우는 모든 방향으로 방사되는 빛의 밝기「전광속」을 사용해 밝기를 나타내고 있습니다. 그러나 루멘을 사용한 표시를 하면 그 때까지의 백열전구와는 비교가 불가능하기 때문에 가게에서는 위와 같은 표를 자주 볼 수 있습니다.

◆고령자에게는 두 배의「럭스」가 필요

같은 회중전등의 빛이라도 가까이에 있는가, 멀리에 있는가로 밝기의 느낌이 달라집니다. 우리들은 살아가며 광원에 의해 밝혀지는 면의 밝기에 신경을 씁니다. 이것이「조도」입니다.

조도는 광원에서 비춰지는 면의 단위면적이 받는 빛의 상태를 나타

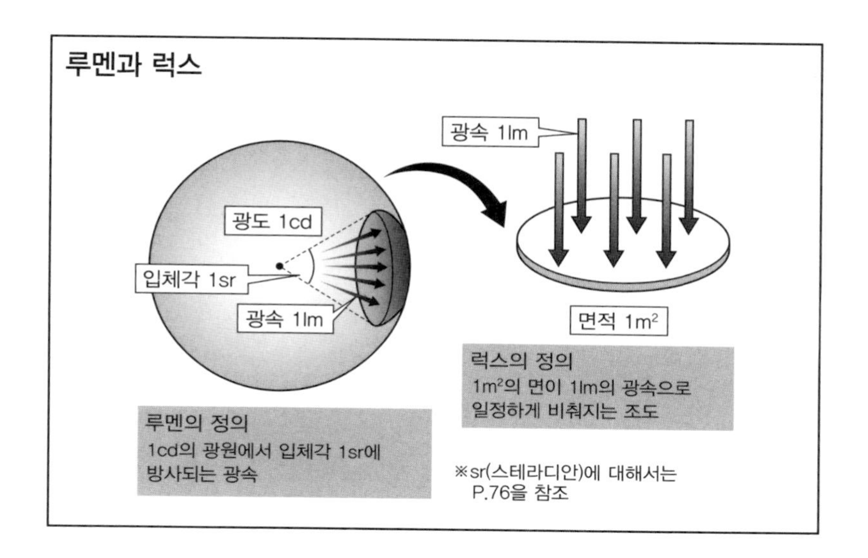

내며 럭스[lx]라는 단위로 표시합니다. 조도는 광원에서의 거리의 제곱에 반비례합니다. 다시 말해 광원에서의 거리가 2배가 되면 조도는 4분의 1이 됩니다.

20살인 사람의 경우, 수예 · 재봉에는 750~1500lx, 독서나 화장에는 300~750lx의 조도가 필요하다고 합니다(고령자에게는 이것의 약 2배가 필요해 집니다).

등급

별의 밝기를 나타내는 단위

등 시등급(눈으로 보이는 등급) visual magnitude 재는 것 : 천체의 밝기
정의 : 정해진 색 필터로 기준성을 복수로 촬영하여 얻은 광도를 기준으로 등급을 메긴다

◆2.512 × 2.512 × 2.512 × 2.512 × 2.512 ≒ 100

밤이 되면 별들이 빛나기 시작합니다. 별에 따라 밝기도 다르다는 건 보자마자 금방 깨달을 수 있습니다.

고대 그리스의 천문학자 히파르코스(BC190년?~125년?)은 육안으로 보이는 별을 가장 밝은 별의 그룹인 1등성부터 가장 어두운 별의 그룹인 6등성까지로 나누었습니다(「시등급」의 기원).

19세기가 되어 영국의 천문학자 J. 허셜(1792~1871년)은 6등성이 약 100개 모여 있으면 1등성의 밝기로 보인다는 발견을 했습니다. 이것을 기초로 영국의 천문학자 N. 포그슨(1829~1891년)는 1등성차이를 약 2.512배로 정의하였습니다(2.512는 5제곱으로 100이 됩니다).

이 정의에 따라 별의 밝기를 1.5등성이나 3.28등성처럼 자세하게 표시하는 것이 가능해졌습니다. 또한 6등성보다도 어두운 별에 대해서는 7등성, 8등성이라는 표현도 가능해졌고 1등성보다도 밝은 별에 대해서도 0등성이나 −1등성과 같은 표시가 가능해졌습니다.

◆절대등급은 거리를 맞춰서 비교!

완전히 동일한 밝기를 가진 별이라도 지구에서의 거리에 따라 밝기가 달라 보입니다. 별의 절대적인 밝기를 비교하려면 지구에서 별까

1등성은 6등성의 100배 밝다

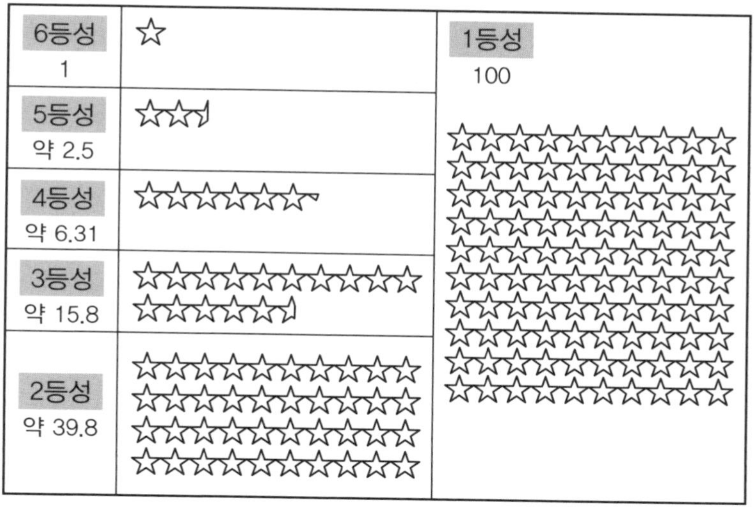

등급	밝기	
6등성	1	☆
5등성	약 2.5	☆☆
4등성	약 6.31	☆☆☆☆☆☆
3등성	약 15.8	☆☆☆☆☆☆☆☆☆☆ ☆☆☆☆☆
2등성	약 39.8	☆☆☆☆☆☆☆☆☆☆ ☆☆☆☆☆☆☆☆☆☆ ☆☆☆☆☆☆☆☆☆☆ ☆☆☆☆☆☆☆☆☆☆
1등성	100	☆☆☆☆☆☆☆☆☆☆ ☆☆☆☆☆☆☆☆☆☆ ☆☆☆☆☆☆☆☆☆☆ ☆☆☆☆☆☆☆☆☆☆ ☆☆☆☆☆☆☆☆☆☆ ☆☆☆☆☆☆☆☆☆☆ ☆☆☆☆☆☆☆☆☆☆ ☆☆☆☆☆☆☆☆☆☆ ☆☆☆☆☆☆☆☆☆☆ ☆☆☆☆☆☆☆☆☆☆

지의 거리를 동일하게 할 필요가 있습니다. 이것이 「절대등급」입니다.

절대등급은 천체가 10파섹(P.44)의 거리에 있다고 할 경우의 시등급으로 나타냅니다.

	시등급	절대등급	거리(광년)
태양	−26.73	4.83	0.000016
시리우스	−1.47	1.424	8.60
베가	0.03	0.604	25.03
안타레스	1.09	−5.059	553.48
데네브	1.25	−6.932	1411.26
북극성	2.005	−3.608	432.36

디옵터

안경렌즈의 굴절율을 나타낸다

D	읽는 법 : 디옵터 dioptre 재는 것 : 굴절도, 안경렌즈의 도수 정의 : 초점거리를 미터로 표시한 수치의 역수

◆시력검사는 그런 것이었다!

「시력검사를 한 적이 없다」고 하는 사람은 적을 것입니다. 시력표에는 크고 작은 「C」와 같은 모양이 늘어서 있습니다만, 이것은 「란돌트 환」이라고 합니다. 프랑스의 안과의사 란돌트(1846~1926년)에서 따와 이름 지었습니다.

시력검사에서는 눈으로 2점을 구별하는 능력을 측정합니다. 따라서 란돌트 환에서 중요한 것은 원의 크기가 아니라 뚫려있는 구멍입니다. 뚫려있는 구멍을 뚫려있는 구멍으로 인식할 수 있는지를 알아보는 것입니다.

구멍의 간격이 1.5mm일 때 이것을 5m 떨어진 곳에서 보면 시각이 1분(1도의 60분의 1)이 됩니다. 시각을 분[′] 으로 나타낼 때의 역수※가 「시력」으로 쓰입니다. 이 경우의 시력은 1.0입니다. 특별히 단위는 붙이지 않습니다.

같은 란돌트 환을 2.5m의 거리에서 본 경우, 또 뚫려있는 구멍의 간격이 3mm의 란돌트 환을 5m거리에서 본 경우는 시각이 2분으로 넓어집니다. 따라서 시력은 1/2 다시 말해 0.5입니다.

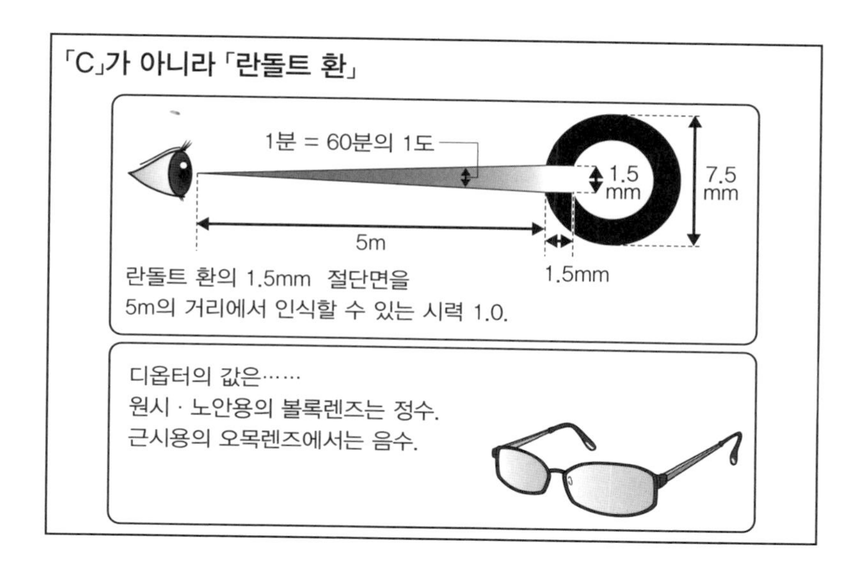

◆디옵터에는 플러스와 마이너스가 있다!

같은 시력관계로 다른 수치도 있습니다. 최근에는 돋보기안경이 백엔샵에서 팔리고 있습니다. 잘 보면 +1.0이나 +2.5라고 표시되어 있습니다.

단위의 표시가 없는 경우도 있습니다만, 우선 틀림없이 이 수치는 렌즈의 굴절도를 나타낸다고 생각합니다.

사용하고 있는 단위는 디옵터[D] [Dptr]. 렌즈의 초점거리를 미터로 표시한 수치의 역수입니다. 초점거리가 짧아질수록 값은 커집니다. 초점거리가 50cm라면 2D, 25cm라면 4D……입니다.

+와 −의 구별이 있는 것은 각각 원시용(볼록렌즈), 근시용(오목렌즈)입니다. 또한 기성품의 렌즈는 0.25D각으로 만들어져 있습니다.

베크렐

방사능의 단위

Bq 읽는 법 : 베크렐 becquerel 재는 것 : 붕괴 수, 방사능
정의 : 방사성 핵종의 붕괴 수가 1초간 1인 경우에 방사능 또는 붕괴율

◆「방사선」이란?

2011년 동일본대지진 당시 원자력발전소의 사고이후, 방사능이나 방사선에 대한 단위를 자주 들으실 수 있으셨을 겁니다. 그런데 이러한 단위에 대해서는 학교 등에서 배울 기회가 없었고 잘 알 수 없었습니다. 우선은 방사선과 방사능을 혼동하지 않도록 합시다.

원소 중에는 그 원자핵의 구성이 불안정한 것이 있습니다. 이러한 원자핵은 방사선을 내는 것으로 안정적인 원자핵으로 변화합니다. 이 현상을「방사성붕괴」라고 합니다.

방사선을 내는 능력이「방사능」으로「방사능」을 가진 물질이「방사성물질」입니다.「방사선물질」이나「방사능물질」 같은 말은 틀린 말입니다.

방사성물질로는 핵연료로 쓰이는 우라늄, 플루토늄과 같은 것이 잘 알려져 있습니다. 또한 방사능에는 α(알파)선, β(베타)선, γ(감마)선, 중성자선 등이 있습니다. 강한 방사선은 인체에 악영향을 미치기도 하며 경우에 따라서는 죽음에 이르기도 합니다.

◆「방사선을 내는 측」의 단위

「방사능」의 단위로 퀴리 [Ci]가 있습니다. 물론 방사선의 연구로 유

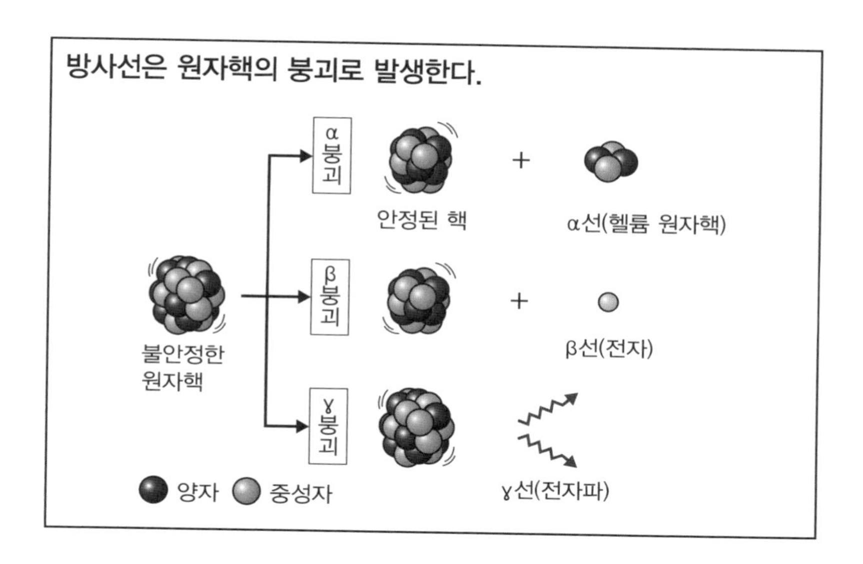

명한 퀴리부처(남편 : 1859~1906년, 부인 : 1867~1934년)에서 따왔습니다.

현재는 국제단위계의 단위, 베크렐[Bq]이 사용되고 있습니다. 프랑스의 물리학자 베크렐(1852~1908년)에서 유래했습니다.

1베크렐은 방사성핵종(방사성동위체)가 1초에 1개 붕괴(괴변)하는 방사능입니다. 따라서 어느 방사성물질의 원자가 5초간 200개 붕괴한다면 이때의 방사능은 40베크렐이 됩니다.

참고로 1퀴리는 3.7×10^{10}베크렐입니다.

시버트

인체가 받는 방사선량의 단위

Gy	읽는 법 : 그레이 gray 재는 것 : 흡수선량 정의 : 전이방사의 조사에 의해 물질 1kg당 1J(줄)의 일량에 해당되는 에너지가 부여될 때의 흡수선량
Sv	읽는 법 : 시버트 sievert 재는 것 : 선량당량 정의 : 그레이[Gy]로 나타난 흡수선량의 값에 경제 산업성령으로 제정된 계수를 곱한 값이 1인 선량당량(일본에서의 정의)

◆「방사선을 받는 측」의 단위

베크렐[Bq]는「방사선을 내는 측」의 단위입니다. 이와는 별도로「방사선을 받는 측」의 단위도 있습니다.

방사선이 물질에 맞으면 그 물질에 에너지를 전달합니다. 물질이 흡수한 방사선의 양「흡수선량」은 그 물체의 단위질량이 흡수한 에너지로 정의됩니다. 이것을 표시하는 단위의 하나가 그레이[Gy]입니다. 영국의 방사선물리학자 그레이 (1905~1965년)에서 유래했습니다.

1그레이는 물질 1kg 당 1줄의 에너지를 쏘일 때의 흡수선량입니다. 앞서 소개한 베크렐[Bq]도 그레이[Gy]도 함께 1975년부터 사용되고 있는 단위입니다.

◆인체가 방사선을 흡수할 때……

흡수선량의 단위 그레이[Gy]는 방사선을 받는 것이 생물인지 무생물인지를 구별하지 않습니다.

그러나 인체가 방사선을 받을 경우 방사선의 종류(α선, β선 등)나 대상조직(장기, 피부, 뼈 등)에 따라 영향이 달라집니다. 그렇기 때문에

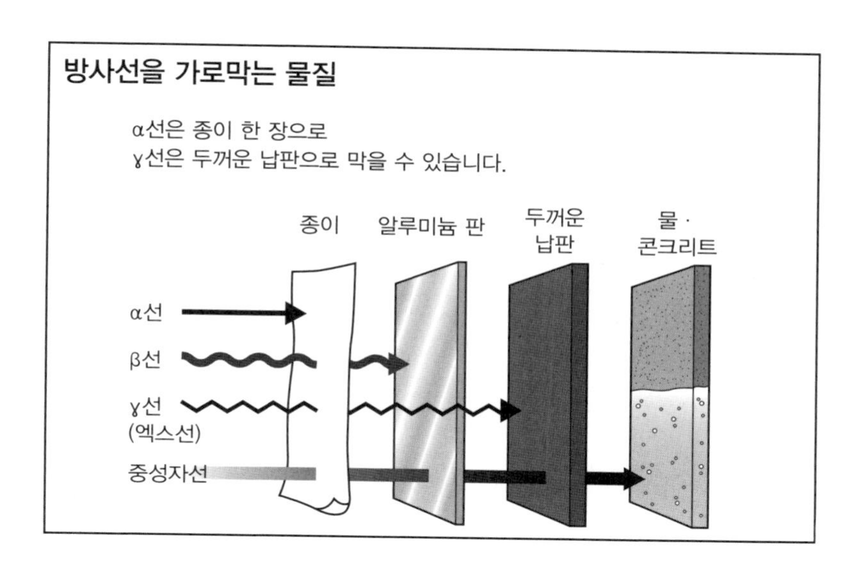

그것을 고려해서 새로운 단위가 고안되었습니다. 이것이 원자력 발전소 사고 이후 매일같이 듣고 있는 단위 시버트[Sv]입니다.

시버트의 정의에 등장하는 「선량당량」이란, 방사선이 인체에 미치는 영향을 공통의 척도로 표시합니다.

구체적으로는 그레이[Gy]를 사용하여 나타낸 흡수선량 값에 방사선의 종류, 방사선을 갖는 에너지에 대응하는 수정계수를 곱하여 산출합니다.

Sv = (수정계수) × Gy

시버트[Sv]는 방사선 방호에 있어 큰 공적을 남긴 스웨덴의 물리학자 시버트(1896~1966)에서 따온 단위입니다.

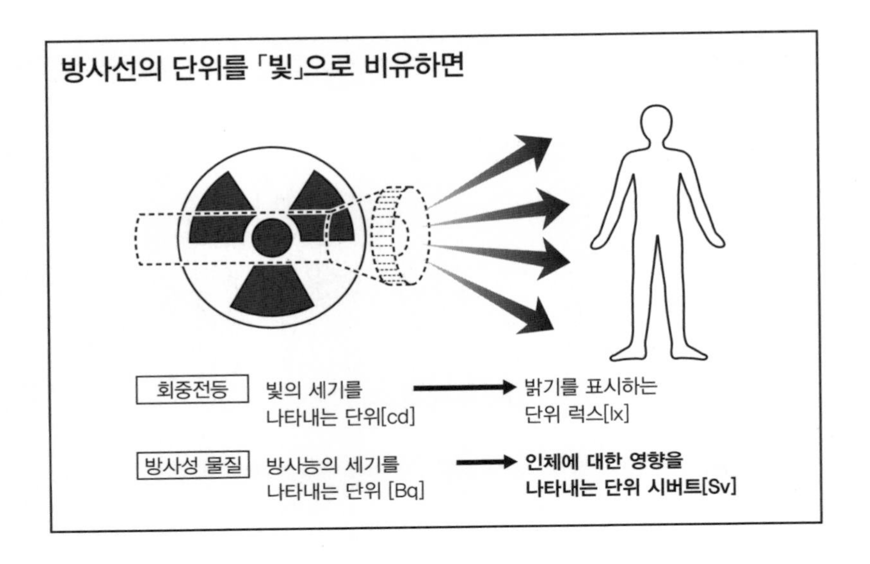

◆일상생활에 있어 방사능

실은 우리들은 평범하게 일상생활을 하면서도 연간 평균 2.42mSv의 방사선을 받고 있는 셈입니다(자연방사선). 그러나 평소에 방사선을 받고 있다고 해서 방사선이 안전하다는 안이한 생각은 틀린 것입니다.

자연방사선

- 우주에서 옴 ……0.39mSv
- 지각, 건축재료 등에서 ……0.48mSv
- 음식물에서 ……0.29mSv
- 공기 중에서 ……1.26mSv

방사선과 인체에 대한 영향

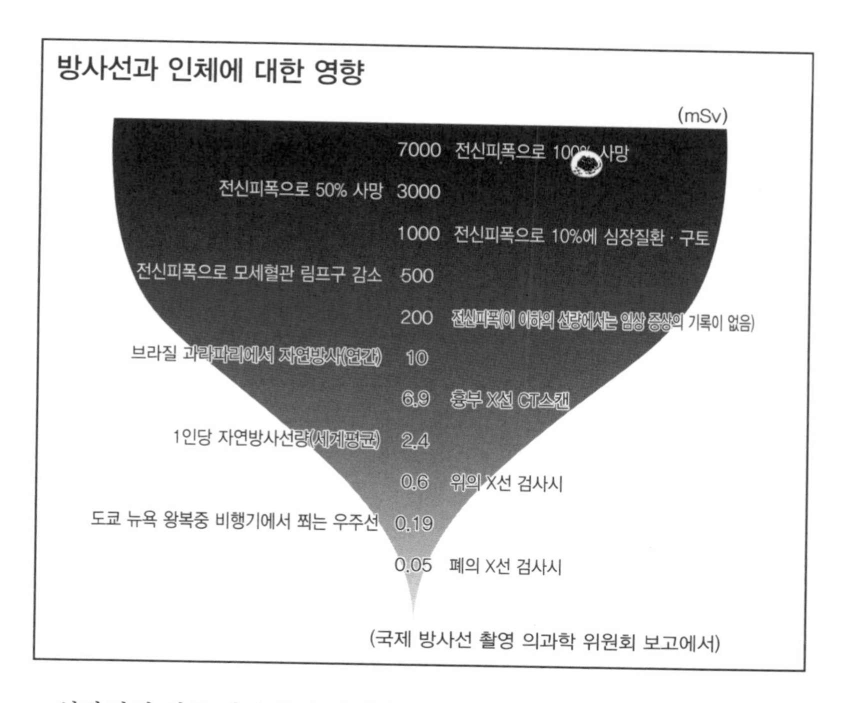

(국제 방사선 촬영 의과학 위원회 보고에서)

일반인의 인공 방사선의 선량한도는 연간 1mSv로 정해져 있습니다. 참고로 1회의 X선 촬영의 피폭은 흉부의 경우는 약 0.05mSv 정도입니다(부위에 따라서 달라집니다).

데시벨

대수를 사용하여 표시하는 단위

B

읽는 법 : 벨 bel　재는 것 비의 상용대수
정의 : 기준량 A에 대해 B와의 비가 10^{x}일 때, 이것을 x벨로 하는 양
비고 : 음압 레벨의 단위로 이용되는 경우는 20μPa(마이크로 파스칼)을 기준음압으로 한다

◆자명종 시계는 도서관의 2배?

지금 저는 도서관에 있습니다. 주위에는 사람들이 적고 굉장히 조용합니다. 이 조용함을 수치로 표시하고 싶습니다!

오른쪽 그림을 봐 주십시오. 소리의 크기(음압)에 대해서 데시벨[dB]라는 단위가 사용되고 있습니다. 이 그래프에 있는 자명종시계의 소리(80데시벨)은 도서관의 소리(40데시벨)의 2배라는 것일까요?

아니요, 실은 100배입니다.

데시벨은 2개의 양을 비교하여 그것이 몇 배나 다른지를 대수※하는 식으로 사용해서 표시하는 상대적인 표시방법입니다. 데시벨에서는 10배의 차이를 20dB의 차로 나타내는 구조로 되어 있습니다.

◆자명종 시계 10개가 동시에 울리면?

데시벨을 단위로 사용한 경우에는 기준이 되는 양을 설정할 필요가 있습니다. 음압(음의 진동의 세기)의 경우, 인간의 귀로 아슬아슬하게 들을 수 있는 음압을 기준으로 하여 0데시벨로 합니다. 이 음압보다도 10배 큰 음압이 20데시벨, 거기서 10배가 더 큰 음압이 40데시벨, ……이런 식으로 표시합니다.

데시벨은 벨[B]이라는 단위에 10분의 1을 나타내는 접두사「데시d」

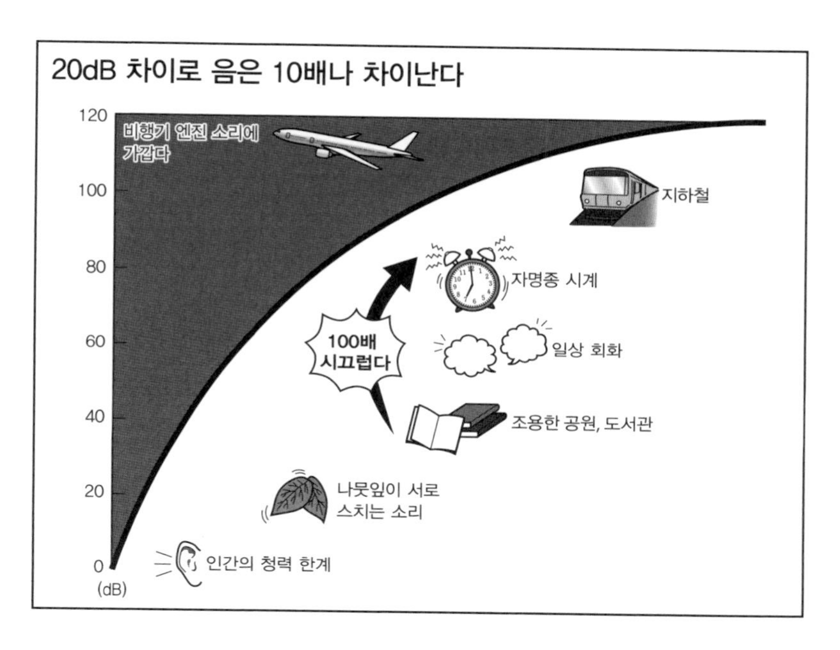

가 붙어 있습니다. 단위명은 영국의 발명가 A.G. 벨(1847~1922년)의 이름에서 따온 것입니다. 벨[B]의 경우는 10배의 차이를 2벨로 표시합니다.

그러면 자명종 시계(80dB)가 2개 동시에 울리면 비행기 엔진소리(120dB)보다도 시끄러워 질까요? 음압이 2배가 되면 약 6dB의 차가 나타납니다. 따라서 86dB입니다. 자명종시계가 10개 동시에 울리면 100dB가 됩니다.

비트, 바이트

정보량의 단위

b
읽는 법 : 비트 bit[bit]
재는 것 : 정보량
정의 : 컴퓨터에 있어 2진수 한 자리를 나타내는 정보량

B
읽는 법 : 바이트 byte[Byte]
재는 것 : 정보량
정의 : 컴퓨터에 있어 2진수 여덟 자리를 나타내는 정보량

◆양자택일!

비행기에서의 이동 중, 식사 시간이 가까워지면 승무원들로부터 다음과 같은 소리를 들을 수 있습니다. 「치킨 오어 피쉬?」

이러한 두 가지 선택지에서 한 가지를 특정할 경우의 정보량이 1비트[b][bit]입니다. 많은 컴퓨터가 다루는 데이터의 최소단위로 영어의 binary digit(2진수)의 약칭입니다.

스위치가 한 개 있으면 그것을 온 할지 오프로 할지로 1과 0을 구별합니다. 스위치가 2개 있다면 (다시 말해 2비트), 00, 01, 10, 11 이렇게 네 가지 상태를 표현할 수 있습니다.

◆1바이트는 8비트

8비트라면 2^8(=256)갈래의 정보를 표현할 수 있습니다. 이만큼 있으면 알파벳의 대문자, 소문자, 숫자, 기호 등에 대응할 수 있습니다. 거기서 일반적으로 8비트를 한 덩어리로 해서 1바이트[B] [Byte]라고 부릅니다.

안타깝습니다만, 1바이트에서는 일본어 히라가나, 가타카나, 한자

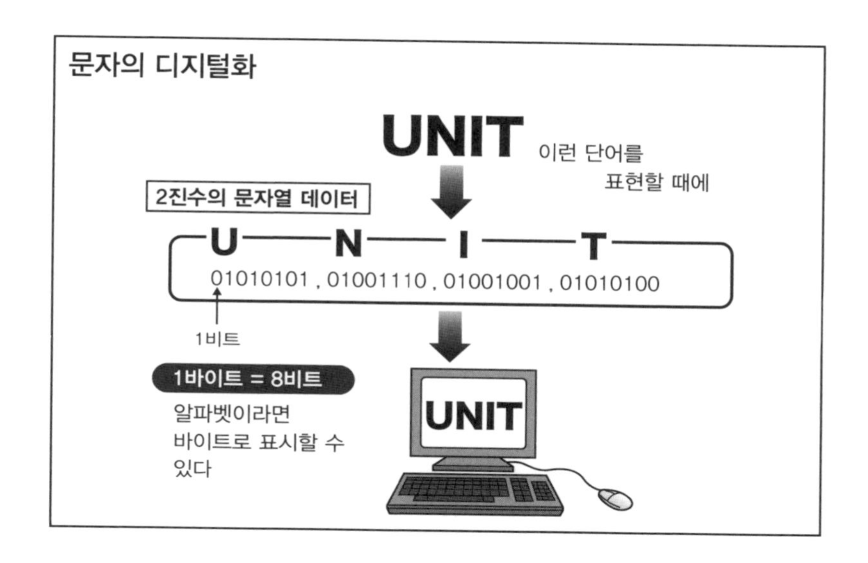

까지 커버할 수 없습니다. 그것들은 2바이트(65536 갈래)를 사용해서 나타내고 있습니다.

◆4분의 곡 약 240곡으로 1GB(표준모드로)

16기가바이트[GB]의 USB메모리 2테라바이트[TB]의 하드디스크라면 기억용량을 표현할 때에도 바이트가 사용됩니다.

단, 컴퓨터의 분야에서는 킬로, 메가, 기가 등의 접두사를 각각 2^{10}(=1024)배, 2^{20}배 2^{30}배의 의미로 사용하고 있기 때문에 주의합시다.

다스

한 묶음으로 세는 발상

doz
읽는 법 : 다스 dozen
재는 것 : 동일한 종류의 물건을 세는 단위
정의 : 동일한 종류의 물건 12개를 의미

◆「케이스」와「다스」

여러분, 맥주는 좋아하십니까?「캔 맥주 1케이스」라고 하면 보통은 24캔을 의미합니다.

단, 1「케이스」라고 할 때에는 실제로 케이스가 1개 존재하는 경우가 대부분입니다. 5개의 캔 맥주와 19개의 캔 맥주가 별개의 상자에 들어 있으면 그 상태를「1케이스」로 부르는 사람은 적을 것입니다.

그런데 실제로 케이스나 상자가 존재하지 않더라도 어느 일정한 수를 묶어서「1」로 삼아 세는 경우가 있습니다. 12개를 1다스(dozen), 20개를 1스코어(score)라고 하는 것이 바로 그 것입니다.

그러고보니 DARS라고 하는 이름의 초콜릿이 있습니다. 단어의 철자는 다릅니다만, 내용물은 12개 들이입니다.

◆1다스는 12개!

12개라고 하는 개수는 나눌 때에도 편리한 수입니다. 10개의 캔디를 3명에게 나누어 주려고 하면 곤란합니다만, 12개라면 3명이든 4명이든 6명이든 12명이라도 공평하게 분배할 수 있습니다.

그러면 여기서 다스[doz]에 대한 주의사항을 1다스. 아니 두 가지.

다스는 같은 종류의 물건이 아니면 사용할 수 없습니다.「수박과 꽁

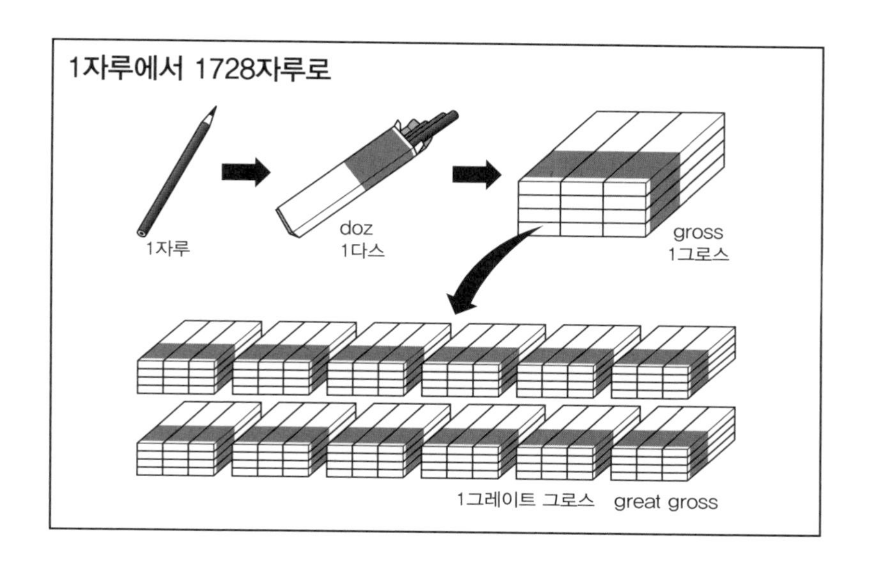

치, 합쳐서 1다스」라는 말은 없습니다. 또한 「다스」를 독단으로 사용하는 것은 불가능합니다. 「연필 1다스」처럼 반드시 물건을 특정 할 필요가 있습니다.

참고로 12다스를 1그로스(gross)라고 합니다. 12 × 12 = 144이므로 1그로스는 144개입니다.

나아가 12그로스(1728개)를 1그레이트 그로스(great gross)라고 합니다.

몰

국제단위계 7번째 기본단위

mol	읽는 법 : 몰 mole　재는 것 : 물질량 정의 : ① 0.012kg의 탄소12 속에 들어있는 원자량과 동일한 수의 요소입자를 가진 물질의 물질량 ②몰을 이용할 때 요소입자가 지정되어 있지 않은 경우는 그것은 원자, 분자, 이온, 전자, 그 외의 입자 혹은 그러한 종류의 입자의 특정한 집합체로 보면 된다.

◆「물질량」이란?

「몰? 고등학교 화학 수업시간에 듣고 처음 듣네. 싫다.」 그런 기분은 잘 알겠습니다. 하지만 우선 말해두겠습니다. 몰[mol]은 실은 그다지 어려운 것이 아닙니다. 먼저 설명한 다스와 같습니다.

물질의 양을 나타내는 데는 복수의 방법이 있습니다. 체적으로 표시한다, 질량으로 표시한다. 그리고 (그런 발상은 잘 떠오르지 않습니다만), 원자나 분자의 개수로 표시하는 방법이 있습니다. 이것이 「물질량」입니다.

다시 말해 이런 느낌입니다.

「이 그래프 중에 10다스의 물 분자가 있다!」

◆1몰은 몇 개?

1다스는 12개입니다. 그러면 1몰은?

「약」이라고 하면 앞의 6을 쓰고 0을 23개 정도 늘어세운 정도의 개수입니다. 이 수치는 「아보가드로의 수 N_A」라고 부릅니다.

약 $6.022\ 141\ 29 \times 10^{23}$

이 개수의 출처는 「12g의 ^{12}C(질량수 12의 탄소원자) 속에 존재하는 원자의 개수」입니다. 이것과 같은 개수라면 1몰로 봅니다.

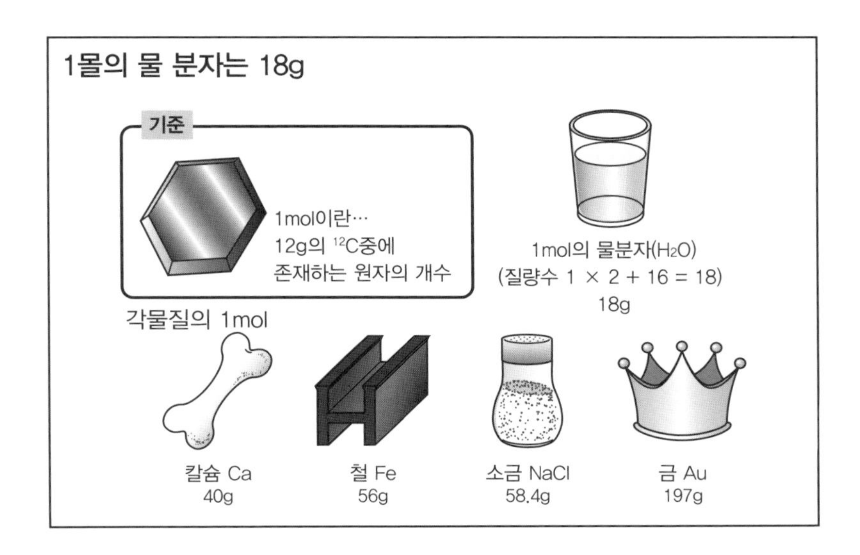

그것은 굉장히 편리한 발상입니다. 예를 들면 물 분자 H_2O의 질량수는 18이므로, 18g의 물속에는 1몰의 물 분자가 있는 것입니다.

사용법은 다스와 동일하게 「1몰의 물 분자」라는 식으로 사용합니다. 단, 같은 1몰에서도 그 질량은 물질에 따라 다르기 때문에 반드시 물질의 조성을 표시해 주십시오.

또한 몰은 1971년에 일곱 번째 SI기본단위가 되었습니다.

용어집

●도량형

「도」「량」「형」은 각각 길이 · 부피 · 질량을 나타낸다. 또한 각각을 재기 위해 척도 · 되 · 저울 등 나아가 그들의 기준을 의미할 때가 있다.

●계량법

계량의 기준을 정하여 적정한 계량의 실시를 확보하는 것에 의해 경제의 발전과 문화의 향상을 꾀하는 것을 목적으로 하는 법률. 길이 · 질량 · 시간 · 전류 · 온도 · 물질량 · 광도 등의 계량단위나 계량기 등에 대해 정의되어 있다. 1951(쇼와 26)년 제정. 1992(헤이세이 4)년, 국제단위계 SI로 통일하기 위해 개정되었다.

●도량형법

계량의 단위나 계량기 등에 대하여 정한 법률. 1891(메이지 24)년 제정. 이 법률을 기초로 미터법을 기초로 척관법이 정의되었다. 1951년에 계량법으로 개정.

●척관법

길이의 단위를 척, 부피의 단위를 되, 질량의 단위를 관으로 하는 일본의 역사적인 계량단위계. 1921(다이쇼 10)년까지의 일본의 기본단위계, 1959(쇼와 34)년에 폐지되어 거래나 증명에 사용할 수 없게 되었다. 현재는 미터법을 사용하고 있다.

● 야드 · 파운드 법

길이의 단위에 야드, 질량의 단위에 파운드, 시간의 단위에 초를 기본단위로 하여 성립된 계량단위계. 오래전 영국에서 발생하여 미터법이 국제적으로 채용되기 이전에 사용되었다. 현재는 주로 미국에서 사용되고 있다.

● 역수

0이 아닌 수 a에 대해 a × b = b × a = 1이 되는 수 b를 a의 역수라 한다. 예를 들면 3의 역수는 1/3이며, 2/5의 역수는 5/2이다.

● 거듭제곱, 지수, 밑

하나의 수, 문자, 식 등을 몇 번에 걸쳐 합하는 것, 또는 곱셈을 한 결과. a를 n회 곱한 경우, 이것을 a^n으로 표시한다. 이때 우측 상단의 수 n을 「지수」, a를 「밑」이라고 한다.

● 대수

양수 a 및 N이 주어졌을 때, $N = a^b$라는 관계를 만족하는 실수 b의 값을 「a를 밑으로 하는 N의 대수」라고 한다. 특히 a = 10일 때, 다시 말해 10이 밑일 때의 대수를 「**상용대수**」라고 한다. 예를 들면 $10000 = 10^4$이므로 10000의 상용대수는 4이다.

대수를 사용하면 자릿수가 많은 수의 곱셈과 나눗셈을 쉽게 할 수 있다.

[맺음말] 변화하는 SI기본단위

◆기본단위의 정의가 바뀐다?!

여기까지 독파하신 분들이라면 이제 놀라지도 않으실 테지만, 단위의 정의는 일정불변한 것이 아닙니다. 사용하기 쉬움을 추구하며 또한 시대의 권력자의 의지나 과학기술의 진보에 따라 변화합니다.

실은 가까운 시일 내에 변화가 예정되어 있습니다.

2014년에 국제도량형총회가 개최되어 국제단위계 일곱 가지의 기준단위 중, 다음 네 가지에 대해 대폭적인 정의의 변화가 이루어질 예정입니다.

킬로그램, 암페어, 캘빈, 몰

다시 말해 본문 중에 표시된 정의는 이미 오래된 것이나 마찬가지입니다. 단 지금까지 사용해온 체중계나 온도계 등이 사용할 수 없어지는 것은 아닙니다. 과학의 진보에 따라 더욱 높은 정밀도로 정의하는 것이 가능해진다는 뜻입니다.

◆물리정수를 정의하고 나서……

그러면 아까 전의 네 가지 단위에 대하여 새로운 정의의 개요를 알아봅시다. 간단히 말하자면 중요한 물리정수의 값을 정의하여 그것을 사용해서 기본단위를 정의하려고 하는 흐름이 되겠습니다.

• 질량의 단위 킬로그램 [kg]

「프랑크 상수h」라고 불리는 물리상수의 값을 정의하여 광자가 갖는

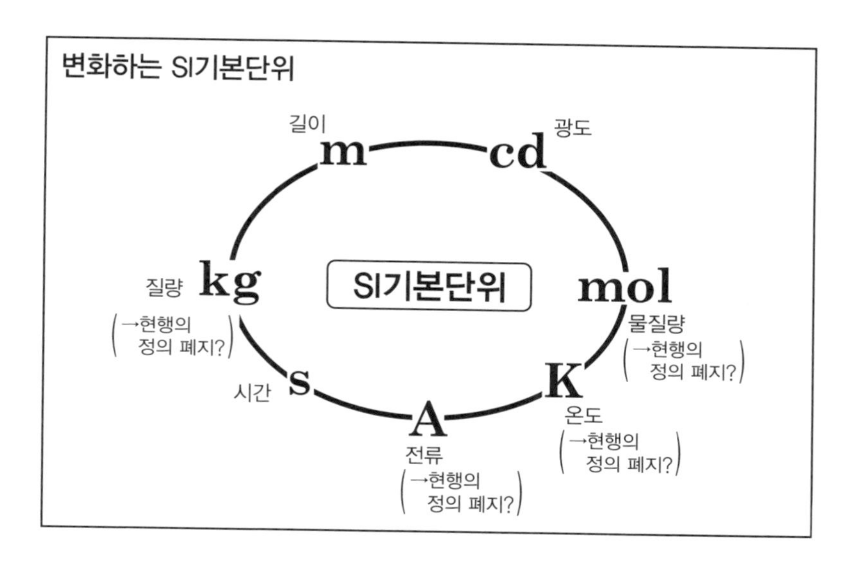

에너지와 등가의 질량에 관련지어 정의됩니다. 재 정의에 맞춰 국제 킬로그램원기에 의한 정의는 폐지됩니다.

• 전류의 단위 암페어 [A]

암페어란 전류의 단위로, 전류와는 어느 단면을 1초간에 통과하는 전기량(전하)을 말합니다. 다시 말해 전기량을 제대로 나타낼 수 있다면 현행의 정의를 바꾸는 것이 가능합니다. 새 정의에서는 양자 1개가 갖는 전하(전기소량e)를 제대로 정의하여 그것에 맞춰 암페어를 정의합니다.

• 온도의 단위 캘빈 [K]

「볼츠만 상수k」라고 불리는 물리상수의 값을 정의하여 온도와 등가

에너지에 의해 표현되게 됩니다.

• 물리량의 단위 몰 [mol]

아보가드로 상수 N_A의 수치를 정의하여 이 수치를 사용해서 몰[mol]을 정의합니다. 현행의 정의에 등장하는 [kg]과의 관계는 없어집니다.

또한 미터, 초, 칸델라에 대해서는 실질적인 정의의 변경은 이루어지지 않을 예정입니다.

◆읽어주셔서 감사합니다!

여기까지 100이상의 단위나 척도를 소개했습니다. 여러분께 주위와 단위를 가깝게 이어드릴 수 있었다고 생각합니다. 재미있게 읽어주셨나요?

화제를 찾기 위해 고민했습니다만, 저 자신「이 단위가 이렇게 가까이 있었구나!」하고 재발견 할 수 있던 장면도 많이 있어 굉장히 즐겁고 농밀한 시간을 보낼 수 있었습니다. 또 어딘가에서 다시 만날 수 있기를 기대하고 있습니다.

마지막입니다만, 본서의 집필에 있어 나라 교육대학 대학원의 마나베 사코 씨, 토미자와 쇼타 씨에게 문면 체크에 도움을 받았습니다. 이 자리를 빌려 감사의 말씀을 드립니다. 참고로 쓴 많은 문헌 · 자료의 저자분들, 간행의 기회를 주신 편집부에게도 감사의 말씀을 드립니다.

2014년 2월 호시다 타다히코

참고문헌(대표적인 것)

・単位のおはなし　小泉袈裟勝　日本規格協会（1992）
・単位のいま・むかし　小泉袈裟勝　日本規格協会（1992）
・続 単位のいま・むかし　小泉袈裟勝　日本規格協会（1992）
・数と量のこぼれ話　小泉袈裟勝　日本規格協会（1993）
・新版 単位の小辞典　海老原 寛　講談社（1994）
・続 単位のおはなし　小泉袈裟勝　日本規格協会（2000）
・単位の辞典　二村隆夫監修　丸善（2002）
・数え方の辞典　飯田朝子　小学館（2004）
・単位171の新知識　星田直彦　講談社（2005）
・雑学 3分間ビジュアル図解シリーズ 単位
　伊藤英一郎　PHP（2005）
・国際単位系（SI）　産業技術総合研究所計量標準総合センター
　日本規格協会（2007）
・単位の進化　高田誠二　講談社学術文庫（2007）
・サイエンスウィンドウ 2010年初夏号
　独立行政法人 科学技術振興機構（2010）
・理科年表　国立天文台編　丸善（2013）
・世界大百科事典　平凡社（1998）
・広辞苑　岩波書店

색인

〈차〉

〈카〉

도해 단위의 사전

초판 1쇄 인쇄 2014년 9월 20일
초판 1쇄 발행 2014년 9월 25일

저자 : 호시다 타다히코
본문 일러스트 : 츠쿠시
본문 DTP : 오가와 타쿠야
편집 : 아베 아키코
번역 : 문우성

〈한국어판〉
펴낸이 : 이동섭
편집 : 이민규
디자인 : 고미용, 이은영
영업 · 마케팅 : 송정환
e-BOOK : 홍인표
관리 : 이윤미

㈜에이케이커뮤니케이션즈
등록 1996년 7월 9일(제302-1996-00026호)
주소 : 121-842 서울시 마포구 서교동 461-29 2층
TEL : 02-702-7963~5 FAX : 02-702-7988
http://www.amusementkorea.co.kr

ISBN 978-89-6407-741-2 03400

이 도서의 국립중앙도서관 출판예정도서목록(CIP)은
서지정보유통지원시스템 홈페이지(http://seoji.nl.go.kr)와
국가자료공동목록시스템(http://www.nl.go.kr/kolisnet)에서 이용하실 수 있습니다.
(CIP제어번호: CIP2014024271)